我后悔
与老婆结婚

永远长不大的男人心里到底在想什么

〔韩〕金珽运 ◎著　于 丹 ◎译

重庆出版集团 重庆出版社

I Regret Having Married My Wife: Cultural Psychology of Masculinity by Kim Chung Woon 金珽运

Copyright © 2009 by Kim Chung Woon 金珽运

Simplified Chinese language edition arranged with SAM & PARKERS Co., Ltd. through Eric Yang Agency Inc.

Simplified Chinese edition copyright © 2010 by **Grand China Publishing House**

All Rights Reserved.

版贸核渝字 (2010) 第 068 号

图书在版编目（CIP）数据

我后悔与老婆结婚 / 〔韩〕金珽运著；于丹译. 一重庆：重庆出版社，2010.10

书名原文：I Regret Having Married My Wife: Cultural Psychology of Masculinity

ISBN 978-7-229-02750-6

Ⅰ.① 我… Ⅱ.① 金… ②于… Ⅲ.①男性－心理学－通俗读物 Ⅳ.① B844.6-49

中国版本图书馆 CIP 数据核字（2010）第 145885 号

我后悔与老婆结婚

WO HOUHUI YU LAOPO JIEHUN

〔韩〕金珽运 著

于 丹 译

出 版 人：罗小卫

策　　划：中资海派·重庆出版集团科技出版中心

执行策划：黄 河 桂 林

责任编辑：朱小玉

版式设计：袁青青

封面设计：郭 薇 崔晓婷

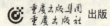
重庆出版集团 重庆出版社 出版

（重庆长江二路 205 号）

深圳市彩美印刷有限公司制版　　印刷

重庆出版集团图书发行有限公司　发行

邮购电话：023-68809452

E-MAIL：fxchu@cqph.com

全国新华书店经销

开本：787mm×1092mm　1/16　印张：12　字数：176 千

2010 年 10 月第 1 版　2010 年 10 月第 1 次印刷

ISBN 978-7-229-02750-6

定价：28.00 元

如有印装质量问题，请致电 023-68706683

一本丈夫一定会买给妻子看的书

一本妻子一定会推荐给丈夫看的书

推荐序

茉 莉
绝对100婚恋网创始人
首席婚恋心理学专家
两性情感专家
北京大学心理学硕士

了解男人心理的窗口

接到出版社邀请我为韩国心理学家金珽运的新书《我后悔与老婆结婚》写推荐序的时候，我的第一反应是对出版社说：NO。带着审视及批判的眼光，我挑剔地看完了第1章，觉得并没得到我认为的有价值的信息。出版社锲而不舍地又给我发来了第2章，然后，耐着性子看下去。

起初，我认为这是一本最简单不过的写给中年男人看的，没有太多专业深度的、调侃的生活随笔。当看到第2章的后半部分时，我已经对此书改变了看法。准确地说，这是一本现代职场中年男人的心理随笔，它试图在用心理学原理解释各种社会问题，剖析及探究现代社会男性在工作、婚姻家庭及社会交往等诸多层面心理问题的原因。

在我创办的绝对100婚恋网做了6年的婚姻咨询工作，使我对婚姻中存在的各种问题非常敏感。金教授书中描述的一些中年男人的对婚姻的疲惫状态，就是现代社会很多婚姻变故的最最原始的动因。他们厌了、累了、没有激情了，他们需要被唤醒，需要重新扬起生活的帆。书中我们可以看到，包括金教授本人在内的这样一些"本分的、负责任的"男人们对婚姻疲惫状态的反抗和艰难的自我调整。

本书的特点是浅出深入，通过自己及身边朋友们的各种难以开口的、不那么冠冕堂皇的心理问题为出发点及关键词寻根求源，去探寻隐藏在这些现代男人身后的深层的社会及心理原因。金教授在书中大胆地提出了很多生动有趣且独到的观点，比如：照明是情绪、幸福的心理因素是感知自由等，对幸福等定义通过心理学"可操作性定义"来解释，使幸福等一些抽象的概念变得具体且容易理解，再加上诙谐幽默的大男孩儿语言，使整本书的可读性大大提高。

此书不但适合中年男士阅读，同样也适合即将步入中年的女士们阅读——这是了解这个时期男人们对自己的婚姻看法的最直接的窗口。

我为此书做推荐的理由很简单，它应该能引发读者对工作生活中一些熟视无睹的社会及心理现象的思考，并对一些生活常理的不同层面的理解提供独特的视角。

(绝对 100 婚恋网网址：www.juedui100.com)

男人心底话

听听男人们怎么说

韩国 SK 化工 副会长　崔昌元

有时我会奇怪"轻松有趣的生活与经商到底有什么关系"？但在与金埏运教授的研讨会上，我的疑惑被彻底扫清。"幸福"或者"乐趣"，以及从某些本已被我们习惯的想法中挖掘出来的"创意性"，这些都是公司经营的真正突破口。总之，我敢肯定，不论是人生，还是经商，你都可以从他的书中得到最重要的"启示"。

韩国 ASAN 医院脊椎侧弯症中心所长　李春诚

金埏运教授文章的搞笑风格可以帮助人迅速缓解压力，并且笔下一些来自生活的智慧让人读后"齿颊留香，回味无穷"……这就是几年前我第一次接触金埏运教授的文章时的感受。于是我很快就成了金教授的铁杆粉丝。有时读着读着我会情不自禁地笑起来，惹得妻子没少说我神经不正常。文中将对男人不成熟心理的自嘲和戏谑完美结合，显示出金教授的高超水平。与此同时，我的妻子很快也被金教授的文章魅力征服，成为一名"金氏粉丝"。

韩国知名娱乐记者　金尹德

我有一位女权主义的朋友，已经结婚10年。有一次她对我大吐苦水，说："我丈夫患了很严重的心理疾病，可是之前我却对此毫不知情，韩国男人真是太可怜了！"易怒、易受挫折、哪怕对很细小的事情也容易烦躁不堪，我想参照这本书您就可以判断出您的丈夫是否也正饱受心理疾病的痛苦。金珽运教授在本书中将韩国男人在心理方面的通病用简单幽默的语言进行了本质性的原因分析，而且他给出的处方虽然简单，却意味深长。我举起双手向大家力荐此书！

韩国知名摄影师兼专栏作家　尹光俊

"只有尽情地玩，才会越来越幸福"，我赞成金珽运博士的这一主张。玩到筋疲力尽，玩到几近晕倒，否则绝不罢休，这也是我的亲身经历。"幸福"这个东西，其实像水一样，很容易渗透到玩乐的乐趣中。无趣的人生是没有意义的，所以，玩也算是"脆弱的男人"对这世上的压抑和空虚做出的唯一反抗吧！

作者序

"偶尔"后悔的老公与
"更偶尔"满足的老婆

当我把这本书命名为《我后悔与老婆结婚》时，老婆这样问我：

"老公，你真的后悔和我结婚吗？"

我犹豫了一下，然后回答她：

"嗯，偶尔会……"

老婆把头转向窗外，愣了一会儿。

但是很快又转了回来，说："我，倒是挺满足……"

我正为不知道老婆会有什么反应而忐忑不安，老婆却用一句非常简短的话，干净利落地刺穿了我的胸膛。

"比你偶尔感到后悔更偶尔感到满足……"

这种由"偶尔"后悔的老公与"更偶尔"满足的老婆共同组成的家庭，我想肯定不是只有我们这一家。

诺贝尔经济学奖获得者卡纳曼教授认为，"在日常生活中感到愉悦"是幸福最重要的条件。所以他具体调查了人们到底一天中什么时间心情最好。他给每位被调查者都佩戴了无线传呼机，并让他们每隔一小时就将代表自己心情的数字信号发送回来。最后，在这次的调查结果中卡纳曼教授发现了一个非常有趣的事实。

30～40岁已婚女性的"心情曲线图"非常特别。观察显示，她们都有一个共同倾向，那就是即使前一秒心情特别好，一进入到某个特殊时间，心情就会突然跌落到谷底。而且每个人的这个特殊时间都大致相同。为了进一步深入研究，卡纳曼教授又调查了在那个时间她们都和谁在一起，都做了些什么。结果显示，那个时间正是她们的老公刚刚下班回家的时间。也就是说，老婆们与当初认为能给自己带来一辈子幸福的人在一起时，反而一点也不开心。这真是对婚姻的巨大讽刺啊！

　　而且这不仅仅是夫妻间才存在的问题。

　　我们只不过是想生活得幸福，为什么却这么难？为什么生活会如此吃力？这绝对不是一个简单的问题，它是由人类文明本质上的局限造成的。所以弗洛伊德将其概括为"文明的遗憾"。并且弗洛伊德最后给出的结论是，以抑制人类本能欲望为基础而产生的"文明"，其本质上就无法使人幸福。换言之，我们之所以感到不幸福是"文明的问题"。但是，即使知道了根本原因，我们也不可能怨天尤人地过一辈子。

　　为什么我们的生活中没有乐趣，不幸福的原因到底是什么，怎样才是更好的生活方式，或者人生到底还有没有希望，等等。本书为这些问题一一给出"文化心理学的解释"。

　　当今社会，各个领域的专家们都在争相指责韩国社会存在的问题，大部分是关于经济、社会结构的诟病。但遗憾的是，问题的核心却从来无人提及。从文化心理学来说，韩国社会现在所面临的最根本问题是那些"觉得活着十分没意思的男人"。在各种看似正义的、指责社会的口号背后都隐藏着敌视、愤怒和攻击，其本质就是"对无聊生活的不满"。

　　我想说一说我自己关于幸福和快乐的生活的看法。也许有人会说我主张的是"心理学的还原主义"。没错！但是"心理学的还原

7

主义"起码不像"社会结构论的还原主义"那样不负责任。有哪个人没有被那些关于社会、经济问题的不负责任的鸿篇大论说服过？哪个人不是在潜移默化中学会了回避那些真实存在的问题？于是每个人都开始缄口不谈自己的事情，永远只谈那些空洞的"别人的故事"。我也是如此！

2000年从德国归国至今，可以说我一直在积极、卖力地宣扬"无趣的生活不是生活"这个观点。我在明知大学社会教育研究生院开设韩国最早的休闲学硕士课程(MLS)并设立了休闲经营系，集中研究并教授"玩的问题"。除此之外，我还担任韩国休闲文化学会副会长、人际经营研究院院长、明知大学休闲文化中心所长、政府休闲政策论坛委员长等10个职务。不知不觉中，我已经为国民的玩乐问题忙活了近10年。

我的办公室里每天都会收到几十封演讲邀请函，如果我亲自接听全部电话的话，我可能连静下心工作的时间都没有了。所以逼得我不得不另外聘请一位专门帮我"拒绝"演讲邀请的秘书。

唉！但是说真的，虽然我极力主张"只有好好玩，才能获得幸福"，可是我自己的生活中却没有一点玩乐的时间。所以现在我自己也成了被我批判的那些韩国中年男性中的一员，易怒、易受挫折，是非常典型的韩国中年男人。

我想，从现在起，我不应该再讲述"别人的故事"，而应该讲述自己的真实经历。我想现在我算是彻底了解了为什么有些人能够逆来顺受地生活，因为现在的我也差不多。要分析我为什么变成这样，首先要从与我的生活息息相关，同时引发抱怨和矛盾，并成就快乐和幸福的——我老婆的故事说起。

过去的两年间，我都在通过视频作以"乐趣是创造力"为题的演讲，把"我的故事"告诉大家。"我的故事"还在《新东亚》"金珽运教授的乐趣学讲义"，以及《朝鲜月刊》"金珽运的特写镜头"栏目上连载,并且现在已经集结成书出版了。这些寻常故事居然得到了大家超乎寻常的关心与支持,并且很多读者纷纷向我表示书里很多故事都引起了他们深深的共鸣。我想这都是因为这些不是"别人的故事",而是40多岁却仍未懂事的"我们自己的故事"吧!健康的社会应该丰富多彩,其中的每一位成员都应该拥有属于"自己的故事",并且乐于把自己的故事与其他人分享,所以才有了"Storytelling 的时代"这个说法。

期待与更多的读者分享"我的故事"!

目 录

第 ① 章

我后悔与老婆结婚

나는 아내와의 결혼을
후 회 한 다

白色床单上的男人更"精彩"

那天起，我吃不到老婆做的早餐了

我后悔与老婆结婚

初恋女友居然把我忘得一干二净

我开始迷上金惠洙了

白色床单上的男人更"精彩"

不知道为什么，每当我躺在五星级酒店的床上时，都会感觉特别幸福。

我仔细分析过原因，发现并不完全是因为酒店豪华的装潢或者人性化的设施。那么到底为什么在五星级酒店睡觉会让我感觉特别爽呢？为什么躺在我们家的卧室就没有那种感觉呢？到底差别在哪里？

后来，我的后辈、高丽大学心理学系的许泰奎教授看见我为这些问题纠结得寝食难安，立刻就说：

"哥，那还不简单？一起睡觉的人不一样呗！"

哇，果然有道理，好像就是那么回事。真无愧许教授"雄性味道"的雅号啊！长满胸毛的许教授每次洗完澡出来换衣服的时候，都是先光着下身把衬衫穿好、领带打好，等上身一丝不苟之后，再穿内裤。这足以证明他非凡的自信。在许教授的字典里，这世上的男人只有两种，"先穿内裤的男人"和"最后才穿内裤的男人"。

这个许教授，每次和他一起去澡堂都会使我感到非常自卑。他这次的答案似乎还算合理，但是却没有给我任何实质性的帮助。经过一段时间的冥思苦想，"地雷的秘密终于被我探了出来"（韩国人常用口头禅，形容真相终于被揭开。——译者注），我找到了我们家卧室与五星级酒店之间的差异。

第一，照明。

酒店房间全部采用局部照明，墙壁上只要有角的地方都安装了白炽灯，并且可以随意调节。而我们家的卧室用的则是荧光灯，因为它使用寿命长，也更亮。不过，荧光灯一般都是用在工作场所里的，因为它的高亮度光线具有提神醒脑的功效。

但在德国北部，冬季十分漫长，一般家庭却不会使用荧光灯。哪怕那里每天下午 3 点，天色就开始变暗。因为在这里，照明是一件和"生活质量"直接相关的大事。与荧光灯相比，给人以雅静感觉的白炽灯更受欢迎，因为它更具有悠久的文化，它是过去人们使用蜡烛的习惯的延伸。

漫长的冬夜里，摇曳的烛光中，就这样一边凝望着对方的脸庞，一边与对方聊天，互相分享心事，直到今天欧洲人也还沿袭这样的生活习惯。晚餐时在餐桌上点燃蜡烛，是对"共同进餐的人"的最高礼遇。我到现在还非常怀念在德国留学的那段时光，那段在冬夜里点着各式各样的蜡烛，喝着浓咖啡和红酒的贫困潦倒的岁月。

照明会直接影响人的情绪。人在荧光灯下和在白炽灯下的情绪有着本质的区别。利用白炽灯的局部照明，可以给人一种雅静的感觉。同一个女人，在温柔的白炽灯照耀下显现出来的朦胧剪影，与在荧光灯下显现出来的剪影，会给人截然不同的感觉。那个与我曾在五星级酒店里共度蜜月的美丽的老婆，现在再也看不到了，原因就在于照明。在家中的荧光灯照耀下，所有的一切都被毫无保留地展现出来，没有任何美感可言。所以说，荧光灯下没有美女！

于是我果断地更换了卧室的照明系统，拆掉荧光灯，在每个角落里都安装上白炽灯。果然，效果立竿见影！过去的那个"美女"又重新回来了，老婆又变回当年那个在济州岛五星级酒店里的美人儿。当然，变化还是有的，手臂摸起来粗了不少。虽然当时也不细，但是现在不仅变得更粗，而且肉还变得非常结实。可即便是这样，比起之前在荧光灯下的形象，现在老婆看起来还是漂亮了很多。

第二，白色床单。

这一点差异比第一点更重要，并且这是高级酒店的标志性配置。

五星级酒店的床上用品，清一色全是白色。走进房间，看到刚刚熨过的床单，我的心情不知有多舒坦。躺在上面的感觉真是爽歪了。于是我在更换灯泡

的时候，顺便也向老婆提出了申请，请老婆把我们家的床上用品通通换成白色。

老婆盯着我看了半天，然后哭笑不得地回答我：

"老公，如果以后你能够亲自洗床单、熨床单并且更换床单的话，那么悉听尊便。"

从那天开始，我每天夜里都会央求老婆，用尽一切诸如"我想生活得更有质量""换上白色床单，我保证会'好好表现'""真的会变得更厉害""肯定会全力以赴"的借口。可是就算我磨破了嘴，老婆仍然不为所动。我是那种一旦下定决心要做一件事情，就不达目的誓不罢休的人。所以从那以后，我每天都凌晨就起床，然后故意捣乱，从卧室到客厅踢踢踏踏地来回走个不停。甚至还故意开灯把熟睡中的老婆弄醒，再噼里啪啦地弄出很多声响。被吵醒的老婆会闭着眼睛冲我大喊，"你到底想干嘛！"然后我便告诉老婆我得了"失眠症"，没有白色床单绝对睡不着觉，并且还总是大把大把地脱发。如果在白色床单上睡觉，脱发症肯定很快就能痊愈，并且头发还会长得越来越好。

最后，我以每月工资一分不动全部打入老婆的银行账户为交换条件，与老婆达成交易，换来了白色床单。所以现在我已经在白色床单上睡觉啦！睡眠质量真的比以前有很大提高，而且躺在干净洁白的白色床单上，感觉好幸福啊。哦，还有……我的确每次都全力以赴，用尽浑身解数。老婆也承认在白色床单上我真的厉害了很多。

想要幸福吗？那就给幸福下一个具体的定义吧。像我这样，把幸福定义在诸如"卧室的白炽灯"和"白色床单"这类自己喜欢并可以直接感觉得到的东西上的行为，在文化心理学中，被称为"操作性定义"（operational definition）。操作性定义意味着用具体的、可感受的，且具有重复可能的方式来说明幸福到底是什么。

而从理论上为"幸福"下定义的行为，则被称为"概念性定义"（conceptual definition）。

诺贝尔经济学奖获得者，普林斯顿大学的丹尼尔·卡纳曼教授定义的幸福非常简单。**所谓幸福，是由人一天中心情愉快的时间长短所决定。心情愉快**

的时间越长，则越幸福；心情愉快的时间越短，则越不幸。真是堪称"操作性定义"中的经典！

严谨正派的人强调"幸福"与"金钱"无关。但事实并非如此。幸福在一定程度上与金钱还是有着非常紧密的关系的。卡纳曼教授曾用"年薪在9万美金以上的人"和"年薪在2万美金以下的人"做比较做过调查，得出的结论是：前者中觉得幸福的人数是后者的两倍以上。但是同时也得出另一个结论，那就是一旦超出一定范畴，那么"金钱"与"幸福"就没什么关系了。例如，年薪5万美金的人群与年薪9万美金的人群相比，觉得幸福的人数几乎相差无几。

归纳起来就是，幸福需要一定程度的收入作为保障。但是一旦超出某个范围，那么再多的金钱也不会使幸福感相应增加。

当然，除了金钱以外，决定幸福的外部因素还有很多。心理学研究表明，婚姻、工作、宗教、健康以及社会的民主化程度等，都与幸福有关。但是加利福尼亚州立大学心理学教授索尼娅·柳博米尔斯基认为这些外部因素只占全部因素的10%。她认为，是否感到幸福有50%是由"遗传的性格"决定的，这是一个有趣的观点。而且索尼娅认为外向且情绪稳定的人更容易感到幸福。

现在让我重新梳理一下是哪些因素决定了60%的幸福。

首先，应该性格外向，还应该情绪稳定。同时拥有一份收入稳定的工作，或者已婚、拥有宗教信仰、身体健康，并生活在民主的国家里。

但是，并不是说满足上述所有条件的时候，人就一定会变得幸福。除此之外生活还要有趣。也就是说，生活要轻松愉快。而使生活变得愉快有趣的"能力"就是决定幸福与否的因素里剩下的那40%。

如果生活得愉快并感觉有趣，那么人们对待生活或他人的态度也会变得不一样。当他人需要帮助的时候，人们会毫不犹豫伸出援助之手。心理学家们曾通过以下方法证明了这一观点。

心理学家们先在实验室为被测试者放映一场可能使他们心情非常愉快的电影，又或者组织他们做一些非常有趣的游戏。然后在这些被测试

者起身离开的时候，安排实验辅助人员"不小心"把书掉到地上。结果，在实验中感觉愉快有趣的人会马上帮实验辅助人员把书捡起来，而觉得实验十分无聊的人则干脆会装做没看见然后无动于衷地离开。

照这么看，那些专门在婚礼会场或游乐场入口乞讨的乞丐都是了不起的心理学家啊！他们早就懂得了"心情愉快的人更容易做出利他性行为"的道理。

心理学家们还发现生活愉快的人更富有创造力，并且更容易配合他人。他们先在实验室里放映一场令人心情愉快的喜剧，然后组织参加者玩猜谜游戏，猜中的概率往往会比平时高很多。而且，参加者之间的协调合作也更加默契。这一点从他们更容易爽快地接受他人的不同意见就可以看出。愉快的心情对于医生的诊断也发挥着积极的作用。心情好的医生看到患者的病历时，会快速地进行分析，并做出正确的诊断。

不仅如此，当人心情好的时候，还会变得更加果断、勇敢。心情好的时候，可能还会产生想要尝试一下平时不敢做的事情的勇气，甚至消费也会变得更豪爽大方。所以百货商店都挖空心思地为顾客营造愉快的购物氛围。大到陈列装饰，小到照明光线，无不为良好的氛围服务，务求使顾客心情愉快。他们明白从播放的音乐到空气中散发的香气，都可以使他们的销售额提高。

幸福的必要条件中有 50% 来自遗传，因此可以说是否幸福是"命中注定"的！其次，决定另外 10% 的幸福的外部条件，也是由先天命运与后天努力相互结合而成。虽然这 60% 都是我们无法或不容易主观控制的，但是至少我们还剩下 40% 的幸福是可以通过培养乐趣和保持愉快等"努力"而获得的。

据说人在将死的时候，会发出三声类似"咯儿"这样的声音。这并不是说人会开怀大笑着死去，而是人在将死的时候，会想起一生中最致命的三个失误并为之感到十分后悔，然后便会一边想着"如果当初我……就好了"，一边慢慢死去。

第一声"咯儿"，是后悔当初没有"善待自己"！我相信无论多困难的人，其死后的财产折算出来起码都有个万儿八千的。如此看来，撒手人寰却留下一笔钱的人，实在令人惋惜。"放着钱不用，现在已经用不了了，当初怎么就对自己那么吝啬呢？"

第二声"咯儿"，是后悔当初不懂宽恕和原谅！ 人在将死的时候，脑海中会浮现出一些或熟悉、或陌生的面孔。其中，既有爱恋喜欢的人，也有厌恶憎恨的人。"啊，早知道迟早会有结束的一天，当初何必那样憎恨呢？现在已经到了最后的时刻，永远也见不到了⋯⋯"可是，这个时候后悔已经晚了，连和解的机会都没有了。

最后一声"咯儿"最重要，是后悔当初没有"有趣地活着"！ 临死的人常常会有这样的感慨，"马上就要死了，当初怎么活得那么没劲呢？一辈子都庸庸碌碌，就如行尸走肉一般！"似乎人只有到临死的时候，才会正确地审视自己所拥有的一切，并且产生这样的想法，"为什么我不懂得为自己所拥有的一切感恩？甚至都没有给自己留出时间去感受幸福！现在只能这样无趣地空来世上走一遭了"。

生活过得轻松有趣，人自然而然会变得乐善好施。生活过得轻松愉快，自己也会不知不觉变得心胸宽阔，根本不用刻意去学、去努力。而且我要告诉大家一个更重要的事实，那就是你想生活过得有趣，那么你就一定能够活得有趣，只要你愿意为之付出努力！现在就来具体定义一下可以使你变得愉快的环境和感觉吧！

就像男人躺在白色床单上时会觉得更幸福和变得更厉害那样，高级酒店的经营者们通过"操作定义"人们心情愉快时的感觉，并将其具体化，最终换来了丰厚的利润回报。

每个人都应该喜好鲜明。如果直到死去的那天都不知道自己究竟喜欢什么，那这样的人只能算是曾经活过的生物体，而不是真正有思想的人类。 此外，对于自己喜欢的东西总是模棱两可，那也不是真正的喜欢。喜欢，就应该是具体的。所以白色床单上的男人会感到幸福，无论是谁，只要找到属于自己的"白色床单"，都会觉得更幸福，千真万确！

那天起，我吃不到老婆做的早餐了

一个周末的午后，我突然接到医生的电话。他的话宛如晴天霹雳，简直让我无法在德国继续待下去。医生在电话里还火上浇油地补充了很多，最后却又劝我别太惊慌，这不相当于让我坐以待毙吗？

天哪！这事会不会弄错了？医生竟然告诉我，老婆患了脑肿瘤，并且有一个鸡蛋那么大。至于是良性还是恶性，还需要做更进一步的检查。他还说，如果是恶性的话，那么也就是人们常说的"脑癌"。虽然医生是出于善意，想尽量让我明白这个病，可是我却并不感激他的补充说明。他让我们尽快做好入院准备，星期一一早便去医院办理入院手续，并且还嘱咐我先不要告诉老婆实情，给她买一些她喜欢吃的东西，好好地陪她过一个周末。我觉得他就像是在告诉我："这也许是你和你老婆可以共度的最后一个周末了，好好珍惜你们最后的幸福时光吧。"

这是在德国留学时的事了。在留学初期，由于寂寞难耐，我趁着假期回国，和过去的女朋友们挨个见了面，最终把目标锁定在其中一位看起来最结实的女孩身上，死缠烂打要人家跟我一起去德国。

因为胃肠不好，我当时只有 52 公斤。所以对那时的我来说，找一个身体健康的老婆比什么都实在。我诱惑这位女孩说，到了德国牛排可以随便吃，家里还有电影中经常看到的那种壁炉。于是这位当时只有 22 岁的勇敢的大四女孩，一毕业便毅然决然地随我到了柏林。其实，我当初用来哄骗老婆的诱饵都是真的。在柏林自由大学宽敞明亮的学生食堂里，经常有一些使劲嚼也嚼不动的硬牛排，而我们开始新婚生活的第一个家也的确是一间带壁炉的、又小又旧的老式房子。

不过聪明伶俐的老婆很快就适应了德国的生活。直到有一年，我们与一个德国家庭共度圣诞节，我们才真正见识到德国人的早餐是多么的不得了。从那以后，老婆就经常给我做德国式的早餐。说心里话，德国的饮食文化真是廉价粗糙得举世无双。菜式除了土豆就只有香肠，真是够恐怖的！但是，德国的早餐却完全是另一回事。

德国家庭的早餐大部分都是这样的：丈夫买回刚刚出炉的餐包，妻子则把奶酪、香肠、鸡蛋还有蜂蜜和果酱等摆满一桌。大家可以任意搭配着吃。并且还可以无限量地喝着浓咖啡。半生熟的水煮蛋，从 1/3 处切开，然后撒上精盐，用小勺舀着吃。喜欢的话还可以把蔬菜和水果拌在一起吃。工作日里无法悠闲享受早餐的人们，每到周末都会去露天咖啡馆享受丰富的早餐。在柏林克罗伊茨山的小江边，这样专门提供早餐的咖啡馆比比皆是。

休息日的时候，睡到自然醒的人们几乎都夹着一叠厚厚的报纸走进咖啡馆。然后叫上一杯香气四溢的咖啡，边喝边细细阅读报纸上的每一条新闻，慢慢品尝各式面包。噢，对了，还要配上熏制的大马哈鱼，那味道简直绝了！

那时，我们夫妻俩的早餐也经常是这个样子。因为既没有孩子，也没有聊得来的朋友，我年轻的老婆把为丈夫做一顿华丽的德国式早餐当成了唯一的兴趣。

就在幸福的早餐从未间断过的时候，我那善良年轻的老婆竟然长了脑肿瘤。放下电话后，我在警卫室的地上呆坐了很长时间（当时我在工厂兼职当警卫员）。然后便开始号啕大哭起来。我想起了讲述年轻美丽的老婆突然去世的悲剧电影《爱情故事》，电影里的女主人公得的就是脑肿瘤。

万幸的是，老婆的脑肿瘤是良性的。可是手术本身就已经非常危险。虽然邀请到了曾经成功为金日成摘除囊肿的德国最好的医生，但我还是要在煎熬中等待 9 个小时。老婆的头发全部被剃掉，医生用刀子将头皮割开，然后将最上面的头盖骨切开，取出肿瘤，再将头盖骨被切开的部分用水泥一样的物质填补回去，最后缝合头皮……而这期间，我只能在手术室外急得干跺脚。

那时我作了一个非常重大的决定。如果手术失败，老婆死了，那么我也马上跟着老婆一起去死！这是千真万确的，那时我就是这么想的。

谢天谢地，手术十分顺利。老婆也没有留下任何后遗症。如果忽略后脑勺少了的那一块巴掌大的头盖骨，老婆简直就像什么都没有发生过一样。但是毕竟动手术的地方是重要的脑部，所以老婆还是需要在医院里休养观察一段时间。

危机虽然解除了，我的日常生活却陷入了一片混乱之中。首先，丰盛的早餐没了。每天早上我都是用一杯酸奶或牛奶来胡乱对付一下。这个时候我才明白，在我的生活中，"早餐"和"老婆"是怎样联系到一起的。对我来说，善良年轻的老婆就像早餐这项"惯例"（ritual）一样存在于我的生活中。爱情本身就是一种惯例。但是现在老婆不在家，我生活的惯例便被打破了，一切都变得乱七八糟。

"惯例"，指的是日常生活中重复出现的固定行为模式。从形态上而言，"惯例"与"习惯"十分类似。但是两者之间存在着非常重要的心理差异。在"习惯"中，省略了"意义赋予"这样一个过程。"习惯"只是人们在无意识状态下重复做出的行为模式。

而在"惯例"中，伴随重复行为模式的还有固定的情绪反应和"意义赋予"的过程，如"获得爱的感觉""内心激动的感觉"等。在我的记忆中，每次吃早餐的时候，老婆都会把热乎乎的面包端到我的面前，拍一下我的肩膀，然后告诉我好好吃。这时如果我感到心满意足的话，那这种行为就是一种"惯例"。但如果即使有过这种行为，之后我却对此完全没有记忆，那么它仍旧只是"习惯"而已。爱情一旦降温了，就会变成习惯。

相爱的人离开，也是如此。当人们失去相爱的人时会感到悲伤，其原因就在于"曾经在一起的'惯例'"消失了。

据说，感情良好、共同生活了一辈子的老年夫妻，如果老奶奶先去世的话，老爷爷大概6个月内也会相继去世。但是如果老爷爷先去世的话，那么老奶奶却可以再活大概4年。这都是因为"意义赋予"的"惯例"。对于夫妻双方而言，最初相互作用的"惯例"都是从耳鬓厮磨的肌肤之亲开始的，为对方做饭，两人就琐碎小事的交流，互相牵着手散步，这些日常生活中的"惯例"无一不是在确认彼此的存在。

问题是老爷爷的"惯例"大部分都是与老奶奶联系在一起的，而老奶奶的"惯例"中却有很多即使没有老爷爷也仍然可能继续存在的。从这种意义上讲，"惯例"的种类越多，生活内容就会越丰富，因为从感觉的情绪层面上会首先出现本质的不同。一般而言，女性的"惯例"要比男性的"惯例"种类更多一些。所以，与男性相比，女性的年纪越大，生活会越丰富多彩一些。

"惯例"不仅仅是个人的问题，也是一个社会得以延续维持的重要条件。第二次世界大战结束后，德国的一些知识界人士就曾陷入深深的苦恼和困惑中。"这种血腥的野蛮，怎么会在德国这片土地上生根发芽呢？这里难道不是曾经孕育出歌德、许勒（Else Lasker-Schüler，艾瑟·拉斯克 - 许勒，德国现代女诗人。——译者注）和贝多芬的文明国度吗？"

最后他们在德国的权威主义社会结构中找到了答案。家庭、学校、工作单位，无一不在重复着权威主义的"惯例"，即强调对权力者的单方面服从和忠诚。战争之后，德国人翻遍每一个角落，以求能彻底清除纳粹集团遗留下来的"惯例"。所以，德国的大学都没有毕业典礼，直到今天仍然如此。因为他们认为毕业典礼是一种向集团靠拢、肯定权威的仪式。而我这个在德国获得硕士、博士学位的人也因此一次都没有穿过毕业礼服。对自身进行彻底反省的德国人，甚至还取消了小学里的合唱时间。因为他们认为大家一起唱歌的行为也是在延续对集团的下意识忠诚。所以他们用播放歌曲来代替合唱。

但是"惯例"并不一定都像纳粹留下的那样是负面的。在近代社会中，由很多人共同参与的集体式"惯例"已经成为文化的最重要组成部分。作为专业学习文化心理学的我，给文化下了这样的定义，文化，即"情绪共有"的"惯例"，就是共同拥有某种特定情绪。一个社会如果不存在共有的情绪与"惯例"，那么就相当于这个社会没有文化，仅剩下一个没有任何情绪媒介，或者"意义赋予"过程的机械式的空架。个人生活也是如此，没有"惯例"的生活，是情绪荒芜、干涩的生活。

如果你想要生活得幸福，那就要尽量使你那些可以重复出现的情绪感受变得丰富起来。我们之所以去音乐会或美术馆，就是为了获得通过那些地方的"惯例"而产生出来的情绪感受。当你拥着精心打扮的老婆走进音乐会大门的时候，那种情绪感受是非常特别的。

旅行的理由也是如此，就是为了经历那些陌生的地方和文化所带来的独特情绪感受。但是这种情绪感受绝对不是只有脱离日常生活才可能获得的。只要通过在自己的日常生活中不断开发各种愉快的"惯例"就可以办到。通过不停重复具有特别感觉和"意义赋予"的行为，我们的生活就会变得更加愉快。因为那是愉快的情绪感受不停重复的结果。

在外面遇到不愉快的事情，可以尝试变换想法、转移视线。可以把领导日复一日的唠叨当成是背景音乐，然后在心里开个小差，想想一会儿午餐应该吃点什么；遇到枯燥乏味的例会，就把它当成是重复过无数次的，由炮弹酒（韩国流行的一种喝酒方式，将洋酒与啤酒等各种酒混入一个杯子，然后轮流喝下去。——译者注）和烤五花肉开始，以头扎领带，站在茶几上鬼哭狼嚎、群魔乱舞的"KTV秀"为结尾的"聚餐惯例"。

可是回到家还是一样无聊，老婆每天都沉迷在充斥着俊男靓女的连续剧中无法自拔，见到我回家，顶多是抬起眼皮瞟我一眼。孩子们就更不用说了，好像被钉在房间里一样，让他们出来，简直想都不用想。百无聊赖地翻开报纸，想找点有意思的话题，可是坐在旁边的老婆却总是"将非常简单的家庭问题用非常复杂难懂的方式"加以说明。这就是每天都要重复的夫妻的"惯例"！有一搭无一搭地回答几句后，最后的选择就是蜷到床上，闭着眼睛等待周公的召唤。到了这个岁数的中年男性，夜里根本就不存在任何与情色有关的"惯例"了。就连电视购物里的性感内衣广告，也都千篇一律地落入俗套，让人没有一丁点欲望。

最近天气一下子变冷了，我开始去买刚刚烘好的新鲜咖啡豆，然后亲手磨碎煮着喝。这台手摇式的磨豆机是我要挟儿子得来的生日礼物，每次摇动手柄磨咖啡豆的时候，都让我感觉心里特别清爽畅快。把磨成末的咖啡粉倒在滤纸上，装进铜制的过滤器里。然后再向铜制的滤斗咖啡壶中像小鸡撒尿那样晃动着把水注进去。"噢，好香的咖啡啊！"像这样可以亲手煮咖啡喝的早晨，真是太幸福了。

一定不要忘记！年纪越大，这种琐碎但愉快的"惯例"越能拯救我们的生活。总统换届了，我的生活不会因此而变得愉快；国会议席比例改变了，我和老婆夜里"活动"的体位不会因此而改变；无论这些政客怎样被辱骂，也不会改变我一如既往的无聊生活。我真正应该关心的事情是怎样重复那些让我感觉愉快的"惯例"。

啊，对了！那时我那年轻温柔的老婆的故事还没有讲完。

现在这个女人非常健康。但是却不再给我做丰盛美味的德国式早餐了。她总是借口买不到德国面包，但事实并非如此。只要去德国人聚居的汉南洞那边，就会找到一家叫"Ach so"的面包店，亲切的老板烘烤出来的早餐面包味道一点也不比在德国买的差。所以老婆根本是没诚意！唉，这就是爱情降温了吧？所以即使有一天老婆先我而去，我也绝不会像当初那样想随她而去了。

我现在真想长命百岁。每天早晨都能喝到自己亲手煮的咖啡，然后健健康康地活到很久很久！

我后悔与老婆结婚

"哥哥，你居然要和那样的女人结婚，你简直是疯了！你们俩如果结婚，最后不是哥哥你死掉，就是那个女人疯掉，反正你们两人中肯定会有一个人受不了。你还是醒醒吧！"

那时候妹妹经常用这种非常恐怖恶毒的话语和表情来恐吓我。有时她还会再加上一句，"像哥哥你这样心胸狭窄、办事拖拉、耳根子软又没有耐心的人，一定要找一个非常坚强、非常健康的女人结婚才可以。"每次她都试图这样入

侵我的内心，触碰我灵魂的最深处，然后颠覆我那些本已根深蒂固的想法。

不过这都是结婚之前的事情了。

可即使是现在，我依然保留着对美女的偏好。美丽优雅，又能赋予我美妙的、带有淡淡忧伤的性爱感受，这样的女人才是我梦想的结婚对象。虽然朋友们每次都会戏谑般地问我，"美妙的、带有淡淡忧伤的性爱感受"是什么样的感受？但在我的心中，这种感受是确实存在的，是我可以触摸、感受到的。因此，那时我只对这样的女人感兴趣，也喜欢追求这样的女人。可是妹妹的理论也不无道理，或者说比我的想法更容易获得大家的认同。当时随便问个人，得到的回答都是"如果我真的与这样的女人结婚，那么迟早有一方会先玩完"。

妹妹比我小两岁，但是从小我都对她言听计从。虽然妹妹的生理年龄比我小，但是心理年龄却比我成熟得多，几乎每次我采纳妹妹的意见都没有错过。有时她还会代替忙碌的妈妈给我做饭。我着急用钱的时候，只要开口，她总是有钱借给我。

可是现在我英明伟大的妹妹却恐吓我，让我与可以"带给我美妙的、淡淡忧伤的性爱感受"的女人分手！

过去我非常信赖妹妹的眼光与决策。也正因为如此，当她反对的时候，我这耳根子软的毛病就再一次暴露无遗。我总是这样，只要稍微有一点强风吹过，就会使我内心旌旗摇摆不定。紧接着，最了解我的朋友，土老帽善奎君也加入了反对的行列，一边整天喊着"那个女人不行"，一边追在我后面劝阻我。善奎君对我信奉的那句至理名言，"美妙的、带有淡淡忧伤的性爱会使男人心甘情愿被榨干"，从来都不以为然，总是用他那慢悠悠的忠庆道方言对我说"那个女人不行"。

"那么，到底我应该与什么样的女人交往呢？"我问妹妹。没想到妹妹真的在她最喜欢的学妹中，为我挑选了一位无论身体还是心理都很强健的女孩介绍给了我。

由于内心的举棋不定，最终我还是与那位美妙、忧伤、性感的女孩终止了约会。或许是由于这个原因，我最终还是与那位妹妹介绍的女孩见了面。身材果然是够强健啊！让人感觉这女孩的身材与她学习的声乐专业一点也不相符。绝不是开玩笑，她的小臂不是一般的粗，甚至让我有了一个不太切合实际，但又顺理成章的期待：如果能够枕着她的胳膊入睡，我想自己一定很快就能进入梦乡。

但是毕竟她与我曾经梦想的那种美妙、忧伤、性感的女人还是有很大一段差距，而且我也无法做到如此迅速地抛弃我那些对于"美妙，带有淡淡忧伤的性爱感受"的幻想。幸好那位强健的女孩在与我见了几次面后，也表达了不喜欢我这种骨瘦如柴的大叔级人物，并且还通过妹妹转告我，我是那种"让人感到非常疲惫"的人。至此，我与这位女孩的故事算告一段落。

之后，我独自一人远赴德国留学。但是，在遥远的欧洲，在那片陌生的土地，对于我这种无论身体还是心理都十分脆弱的人来说，要克服重重困难、独自在异乡生活，还是相当痛苦的。咬牙坚持了一年，终于迎来了假期，我飞也似的回到了首尔。当我以一副皮包骨的落魄模样出现在家人面前时，整个家族一片哗然，大家一致认为，我这种状态不适合再回德国学习了。坦率地讲，我自己也没有信心再去独立面对异乡的留学生活了。我试探性地又向妹妹询问了一些关于那位强健女孩的事情，得到的答复是"她现在正面临毕业，还没有正式交往的男朋友"。于是我向妹妹表达了想与这位女孩再次见面的愿望。有了独立在那个连灵魂都会感到孤独的地方生活的经历，我发现美妙、忧伤、性感这类东西真的是一点用处都没有，还是身体健康、内心坚强比什么都实惠。那女孩与几年前相比更加强健、更加勇敢了，并且当即就同意了我的交往请求，表示愿意与我共同生活。

现在我们已经结婚 20 年了。我竟然能与一个女人共同生活 20 年！这让我自己都觉得有点不可思议。去年年底，我狠心花重金给老婆买了戒指和项链，作为我们结婚 20 周年的纪念礼物。共同生活得越久，我越从心底感谢老婆的强健。老婆健康的身体和坚强的内心，对于内心无比"柔弱"的我来说，是一种莫大的安慰。每次决定一件事情时，老婆几乎从来都不会表现出担忧和后悔。即便是担忧或是后悔，也都会转瞬即逝，很快便被她抛到脑后。

　　老婆的生活方式与瞻前顾后、不断后悔与痛苦的我完全不同。家里如果发生需要操心的事情，我会整夜不断思考以至于辗转反侧无法入睡，但是老婆则每次都会像没事人一样很安心入睡，甚至还伴有鼾声。有时我会好奇地问她，这种情况下你怎么还能睡得着呢？老婆的回答是："只有好好睡觉，才能好好去操心嘛。"

　　我的孩子们也遗传了老婆这个特点，对什么事情都不太在意。所以无论我对他们发多大的火，他们也只是在当时假惺惺地紧张一下而已，转身就咯咯地笑起来。他们的性格都是无论摔多大的跟头也不会太在意，所以我们家所有需要担忧的事情，通常都只有我一个人操心而已，我常常为此感到很委屈。

　　心理学上讲，根据一个人忧虑和后悔的内容，可以判断出这个人的心理是否健康，特别是通过后悔的"状态"可以很清楚地看出这个人的特征。人类的生活常常都与懊恼、后悔如影相随。人们常说"要无悔地活着"。其实从心理学角度分析，这是一句有谬误的话，因为根本不存在不后悔的生活。

　　我们的生活是由每一瞬间的"选择"和"决定"相互交替而延续下来的结果。每次我作出一个决定，都会对未选择的另一种可能产生某种形式的后悔。

　　"如果那个时候，我不这样做，而是那样做的话又会怎样呢？"

　　后悔已经成为我生活的主题，除非当一件事没有别的任何选择，否则我一定会后悔。后悔，是我作为生活的主人在行使权利和担负责任时衍生出来的副产品。佛洛斯特（Robert Frost，美国诗人，曾四度获得普利策奖。——译者注）有一首诗叫《未选择的路》，很好地刻画出人类一边后悔一边生活的状态，尤其是最后一个章节（摘自顾子欣翻译版本。——译者注）。

　　　　也许多少年后在某个地方，
　　　　我将轻声叹息把往事回顾，
　　　　一片树林里分出两条路，
　　　　而我选了人迹更少的一条，
　　　　从此决定了我一生的道路。

后悔不是一件坏事。相反，后悔是保持心理健康所必需的。就如同病菌侵入我们身体的时候，免疫细胞会为了捍卫我们身体的健康而立刻活跃起来一样，后悔也作为我们心理的免疫系统，发挥着保护我们免于被精神疾病所困扰的作用。因此，人类不可能不后悔，而且应该后悔，关键只是在于我们应该怎样后悔。

后悔大体上分为两类，即"对已发生行为的后悔"和"对未发生行为的后悔"。

"对已发生行为的后悔"是指后悔"自己当初不应该做某件事情，而应该……"，多数都是针对一些未经深思熟虑，草率而为的行为所表达的后悔。

另一方面，"对未发生行为的后悔"是指后悔"自己当初应该做某件事而没有做"，这其中"应该做而没做"的事情，正是后悔的内容。"想法特别多的人"会常常后悔，但是后悔对人的影响也不尽相同。从心理学上讲，这两种后悔对人类心理产生的影响有着本质上的差别。

研究"反事实思维"（counterfactual thinking）的世界级权威人士，美国西北大学的尼尔·洛兹教授在《IF 的心理学》一书中曾详细地阐述过这两种后悔。洛兹教授认为，"对已发生行为的后悔"和"对未发生行为的后悔"两者之间决定性的差异在于时间。"对已发生行为的后悔"多与"最近"发生的事情相关；而"对未发生行为的后悔"则更多地与发生在"很久以前"的事情相关。换句话讲，也就是说"对未发生行为的后悔"时间上比较持久，而"对已发生行为的后悔"则比较容易转念即忘。

举例说明。

一个叫 A 的人参加教师聘用考试落选了，而一个叫 B 的人则因为教师聘用考试的竞争太过激烈，吓得连考试都没敢参加。这之后两人无论是在后悔的状态，还是在后悔的内容上都会朝两个截然不同的方向发展。

首先，不论 A 还是 B 都会在教师聘用考试结束后感到后悔。但是 A 在不久后就会释然，并很快转变想法，认为自己压根就不是当老师的那块料，甚至还口沫横飞地大讲特讲自己在新岗位上工作起来要比当教师游刃

有余得多。相反，B君在此后几年，甚至一生都会与"那时候，我真应该参加聘用考试，我怎么就……"这样的遗憾伴随度过。

　　与"对未发生行为的后悔"比起来，在"对已发生行为的后悔"的人群中，心理免疫系统功能可以更加快速而有效地启动起来。并且比起"未发生的行为"，"已发生的行为"似乎总是更容易变得合理化。这是因为通常我们对亲眼看到的行为会倾注更多的精力，也就是说比起"未发生的行为"，"已发生的行为"由于其确实存在，所以我们也就相应地会为其投入更多的关注。如果我们做了某件事情，但是没有得到预期的结果，这时心理免疫系统就会立刻活跃起来，集中将由此带来的否定性影响进行最小化处理。最后的结果就是即使事情的进展没有朝着我们预期的方向发展，但是我们在心理上已逐渐将其合理化，就不再认为这是一件多么令人无法接受的事情了。通过这样的一个过程，我们的心理自然就会变得舒畅起来。相反，对于"未发生的行为"，心理免疫系统就不太容易发挥效果。因为对于一件"尚未发生的事情"，在心理上人们根本无法很有效地将注意力集中到这件事情上，所以也就变得很长时间都独自痛苦而无法自拔。由此可以看出，"对未发生行为的后悔"才是我们心理健康更大的敌人。

　　活着就注定要与后悔相伴而行。但是如果无论怎样都必须要后悔的话，那么似乎让后悔的时间尽可能地缩短才是上上之策，而且也只有这样才能保持心理健康。人们如果想缩短后悔的时间，那就必须先"行动"起来。与其瞻前顾后、犹豫不决，一会儿想做，一会儿又想放弃，不如当机立断，不管三七二十一，先做了再说，这样反倒更加有利于我们的心理健康。因为这样即使错了，"对已发生行为的后悔"也要比"对未发生行为的后悔"持续时间要短。

　　开始都还没有开始，就已经放弃的事情，注定会使人内心纠结很久，并迟迟无法从后悔的痛苦中走出来。所以长辈们常常会对那些无法痛下决心结婚的人说这样的话："结婚会后悔，不结婚会更后悔，因为结了婚的后悔要比没结婚的后悔好受。"

　　与老婆相比，我认为诸如当丈夫的作决定慢、后悔时间长这样的情况不只是我家才会出现。总而言之，男性后悔的时间要比女性长，甚至男性还会因为后悔而无休止地折磨自己。据说，与女性相比，男性通常不会忘记自己的初恋，而且痛苦的时间会更长。实际上，针对这种情况，在心理学中也同样可以找到强有力的论据。

人类经常出现的后悔大致分为两大类，即与学业、事业等"自我发展"相关的后悔，以及与"人际关系"相关的后悔。

其中，与"自我发展"相关的后悔在男性和女性中都出现得最多。"当初我学习要是再努力一点，也许就会……""那时候，我要是去那个单位的话，也许就会……"等。另外，与"自我发展"相关的后悔，男性和女性之间表现出来的差异并不是很大。但是在与"人际关系"相关的后悔中，男女之间的决定性差异就显现出来了。男性会出现更多的"对未发生行为的后悔"，而女性则更多感到"对已发生行为的后悔"。举个例子。

男性经常懊悔"那时我要是再稍稍鼓足些勇气去接近她，就会……"而女性则经常会有诸如"那时我如果没有那么轻易地答应他，就会……"这样的烦恼。即使是在性关系方面也存在这样的差异，男性主要会有这样的后悔，"那时，我要是霸王硬上弓，直接把那女人搞定，现在就会……"而女性则更多是另一种后悔，"我要是和那个男人不那么早发生关系，也许会……"一般而言，没有哪个女人会为"当初我应该和那个男人早点发生关系就好了"而后悔。因为女性"对已发生行为的后悔"多于"对未发生行为的后悔"，所以女性的后悔过程通常都很短暂，心理健康状况也普遍好于男性，应对压力的能力也好于男性，寿命也就相对更长。

人只要活着，就一定会后悔。既然如此，后悔的时间当然越短越好。所以当你为一件事情到底该不该做而犹豫不决的时候，还是当机立断直接去做更有利于心理健康。

新年的时候，大家都会为自己制订很多计划。其实制订计划，无论成功也

竹杆钢笔与舒伯特眼镜

　　竹杆钢笔是我最珍爱的物品。每次抚摸它上面的竹节时，都会让我的心情久久无法平静。今天我戴了一副和舒伯特一样的圆框眼镜，手里把玩着这支竹杆钢笔，所有这一切都让我感觉很幸福。

好，失败也罢，重要的是你一定要试着按照计划去执行，只有真正做了，才会出现成功的可能。 即便最后事情没有达到你之前的预期，但是从心理上而言，你也还是成功了。所以耐克的口号是英明的，"Just do it!"

最后，我还要再多说一句。偶尔我会后悔和老婆结婚，但只是非常"偶尔"。不过对于当时没有与"美妙、忧伤、性感的女人"结婚，我却绝对从未后悔过！

初恋女友居然把我忘得一干二净

这是一场针对学生家长的演讲。来参加的主要是小学生的母亲，看样子足足有两千多人。演讲刚一结束，会场的入口处就站了几十位母亲，手持我写的书，等待着我签名。出版社真是太会做生意了，追踪我的每一场演讲，然后在入口处摆卖我的书。

当我给长长的队伍中全部人逐一签名时，每次抬头都能看到队伍外面站着一个女人。看样子她好像不是在等我签名的，却始终在那浅浅地笑着。这微笑可真熟悉啊。但是一时又怎么都想不起来她是谁。签名结束后，我转向那个女人，她朝我微微笑一下，走了过来。

"你……不认识我了吗？"

我仔细想了好一阵，啊，原来是她！

我想无论谁看《TV 搭载爱》（韩国综艺节目，帮助观众找寻想见的人。——译者注）那个节目，都会禁不住思绪万千。"如果你参加那个节目，你想找到谁呢？"

如果我参加这个节目，我要寻找的人，就是现在这个站在我面前的女人！虽然与我同岁，但她还是像当年那么漂亮。靠！难道只有我一个人在变老变秃吗？她那亲切又略带颤抖的声音也一如从前。曾几何时，每当我听到这颤抖的声音……

"好好参你的军吧,别想些乌七八糟的!"她的母亲在一旁偷听我们的电话,突然大声呵斥她,让她赶紧把电话挂了,而且还警告我:"不要再给我女儿打电话了。"之后就是一阵"嘟嘟嘟……"的忙音。

这是三十多年前发生在华川民统线(**韩国军控地区民间人士出入的控制线。——译者注**)入口处的一个小杂货店里的事情。后来,我不死心地一次次拨通她家的电话,可是却再也没有人接听。电话机前的杂货店老板娘用一种看惯了这种事情的表情,尴尬地朝我笑了笑。

为了给她打电话,我步行了 8 个小时才从山沟里走出来。就连这样,也是得到了中队长的特别许可,我向中队长立下男人与男人之间的誓言,才算得到了外出的特许,否则别想从那铁栅里出来。我央求中队长同意我出去给在首尔的她打一通电话,并且还不停地说,如果不打的话,我会坐立不安,心神不宁。当时,因为态势很紧张,最前方铁栅线上的士兵通常都是胸前挂着两个手榴弹出来巡逻,腰间还有几个装满子弹的弹匣子。中队长入伍前,在学校的时候我们就已经认识了。中队长在那个学校接受委培教育,取得了硕士学位,而我在那个学校只上了不到一年就被开除了学籍。可即使这样,陆军军官学校出身的中队长也依然称我为大学时的学弟。每次听到他喊我学弟,我都会感到很不安。

可是,没想到那通电话最后竟然以这种方式结束了。回铁栅小队的小路感觉好像没有来时那么远了,天空开始飘起了雪花。江原道的山里一旦开始下雪就会没完没了,老天像疯了一样。而我的心里像天塌了一样难受。在那华川北方的山沟里,上坡下坡的雪路上,我行尸走肉般机械地迈着步子。我环顾四周,看了又看,发现除了雪地上我的脚印,再无其他。虽然是夜路,但是月光下却可以看到我的脚印一直延伸到了那边山谷的末端。脚印像喝醉了酒一样,歪歪扭扭地排在雪地上。这是我人生中走过的最漫长、最悲伤、最孤独的一条路。

而当年的她,现在就站在我面前。

我先把这段山路的故事讲给她听,然后又给她讲了我一直念念不忘的、雪地上歪歪扭扭的脚印的故事。但没想到的是,她却露出了完全出乎我意料的表情。似乎我们从来都没有那样悲伤地分手过。她说她妈妈阻止我们见面的确是事实，但是却不记得曾与我有过如此这般的深情。

那么我第一次休假出来，当她看到我那裂口出血、惨兮兮的手和冻得通红的脚时，流下的眼泪到底又算什么呢？她说她完全不记得了。然后我又问她是否记得，在我回部队那天，在长途客车站她送给我一支治愈皲裂的凡士林霜和一双让我给冻伤的脚保暖的耐克袜子。谢天谢地，她总算还记得这个。但是她却说，当时只是可怜我这个歇斯底里的军人大叔才那样做的。那么我那段悲伤的山路记忆全是我自编自导的独角戏了？我仍不死心地追问道。她再次露出了好像与她完全无关的可爱笑容。眼看快五十的人了，竟然还能笑得这么可爱，和当年一模一样！

退伍后，我把那次在雪路上的绝望声情并茂地讲给每一个我遇到的女人听。偶尔也会有些仍保持着纯洁灵魂的女人为我的故事流下眼泪。一旦她们能为我的故事流泪，那么再往下要进行的事情就好办了。因为从效果上讲，没有比那个雪路上的脚印故事更有效的感情移入技术了。一旦哪个女人开始同情我的遭遇，就离接受我的时刻不远了。

经过了在华川北方 30 个月的军旅生活，那个雪路上踉跄的脚印被我记忆再记忆，几乎铭刻在心。我认为："不能被我这剜心一样疼痛的悲伤故事感动的女人，根本没有资格做母亲。"但是，我这凄惨的记忆与实际发生的事实却完全不一致。与她相比，我反而更加惊讶。

记忆在任何时候其实都是我们自编自导自演的。

虽然我的记忆里有一部分与她的记忆可以重叠，但是我记忆中关于她的悲情故事却不曾真实发生过。我们记住的事情根本不是事实！我们所记忆的，都是我们对事实进行"注解与编辑"之后的内容。而支撑我们生活的，也是这些被"注解与编辑"过的结果，与实际发生的情况并没有太大关系。这些事实的唯一意义，就是我们可以根据其中的一部分创造出自己的"意义赋予"。

所以，绝对不能与曾经的恋人见面。因为那样，经自己"注解与编辑"过的歪曲记忆就会遭到更正。就像我曾经一度以为小时候上学的路很远，需要走半天才能到学校，但其实那条路不过才几公里而已。当我确认这个事实的时候，

心情很失落。

我们的记忆在一定程度上会被操控。心理学家们通过实验证明了这点。

首先，在实验室里分发给每位被测试者一张记载着他们小时候经历的纸，上面记录着被测试者小时候在商场里走失而哭鼻子的事情。但其实这个事情并未真实发生。为了能使这些被测试者相信这张纸的真实性，组织方甚至还在后面附加了他们亲友的证词，尽量做到像确实发生过一样。

随后组织方让这些被测试者就当时的感觉和记忆，进行详细的说明。这些被测试者中有的人真像亲身经历过似的对事件进行了详细的说明。不仅像昨天刚刚发生过的一样进行了生动的描述，而且还掺入了一些其他的记忆加以说明。实验结束后，心理学家们告诉这些被测试者，"你小时候并没有真的在商场迷路走丢过，实验的目的只是为了证明记忆是否会被歪曲"。可是，即使是这样解释，这些被测试者们仍然极力辩解他们的记忆是正确的，并且没有受到纸上内容的误导。最后，亲友们站出来证明说，"这是我们编造出来的事情"，他们才算半信半疑地勉强接受。

我们的记忆就是这个样子。根据我们所处的心理状态不同，记忆事件的种类会变得不同；根据我们所从事的职业不同，对我们自己过去的记忆方式也会变得不同。像科学家、医生这类活动在自然科学领域里的人们，会将自己过去发生的事按照顺序连续记忆起来。也就是说，他们在叙述自己过去的时候，会是一个连续性的成长过程。而艺术家们在说明自己过去的时候，则是非连续性的、跳跃性的，甚至是戏剧性的。所以，艺术家们的故事大部分都是"杜撰"出来的。

诗人或小说家的传记总是像传说一样引人入胜，画家的故事也是如此。但是真正亲眼目睹过那些事件发生的人却寥寥无几。也不能说他们的故事完全是杜撰，但真实部分大概只占10%，而其他90%则是基于真实事件的创意性发挥，这就是那些传记的真相。不仅个人的记忆如此，大部分集体记忆也是如此。

所以人们仅仅区分"事实"与"真相"还不够，还应该区分出"事实的真相"。不过似乎已经没有这个必要了，"事实的真相"根本就不存在。因为记忆里没有经过自己"注解与编辑"的事件几乎不存在。

走在路上的时候，会有很多女人从我面前经过，但是我只会记住那些穿网眼丝袜的女人。这是我在日本早稻田大学待了一年"安息年"（犹太教的说法，每工作七年休息一年。国外很多机构至今仍有类似安息年的休假制度，比如大学老师在连续工作若干年后，会有整整一年的带薪假期。——译者注）后养成的奇怪习惯。

对于我来说，关于东京的记忆几乎全是"网眼丝袜"。新宿街头各种各样的网眼丝袜让我的目光根本无处躲藏，每次都看得心里怦怦乱跳。红色的、蓝色的甚至还有撕破的！你以为就只有这些吗？还有更夸张的呢，从能够反射阳光的细网眼彩虹丝袜，到网眼直径达十厘米的超大渔网丝袜，真可谓是琳琅满目、目不暇接。直到今天，我的目光仍然会自然而然地追随着网眼丝袜。甚至，就连渔具店门前的渔网也会吸引我的眼球。

我们的记忆之所以会与"事实的真相"相差一段距离，是因为它早在我们接受刺激之初就已经被"歪曲"了。就拿刚才走过去的那个女人为例，我老婆看后会说："她鼻子做过整形手术。"但我根本不会关心她鼻子之类的问题，我只清楚地记得，她的网眼丝袜是浅绿色的。这就是说，对于同一件事情，我们俩会有不同的感知、不同的记忆。所以我们才会有那么多的谈资。假如我和老婆在婚后都只记着相同的内容，那么我们俩还有什么可聊可谈的呢？

也不是说我们就只会按照自己希望的方式去感知和记忆事物。其实，越是不想再提起的事情，越是经常会想起；越是不想再见到的事物，越是只盯着它们，而看不到其他，我想这样的情况大家都常遇到吧？

忧郁症患者面对自己周围的刺激，只会选择接受忧郁型的刺激，并进行扩大化处理。一旦他们对接受忧郁型的刺激养成习惯，如果哪天看不到这类刺激，反而会变得更加不安。有些女演员为互联网上围绕自己的各种绯闻和辱骂而感到绝望，最终选择自杀，就是因为这样的原因。其他的人可能会说"那些东西，

只要不看不就行了嘛"，但是当事人却无法做到那样。她们的眼里总是只能看到这样的内容，相反，如果看不到，反而会变得更加焦虑。所以到后来，她们干脆会因为自身想看而主动去寻找这类内容。久而久之，她们就把见到使她们忧郁的刺激后变得痛苦这一过程当成是习以为常的事情了。所以，生活中我们也经常会这样，越不想见到、越不想记起的事情，反而越会被记得牢固。

关于记忆，还有一个心理学实验。

首先，在实验室里心理学家对参加的人员说："请大家自由思考5分钟，然后将自己想起来的内容讲出来。"

于是，5分钟后被测试者们毫无负担地把自己想起来的事情通通讲了出来。到这一步为止，尚未出现任何异常。紧接着，心理学家又作出了下一步指示。

"这次仍然是自由思考5分钟，然后将自己的想法讲出来。但是这次有一点需要大家特别注意，那就是不可以想'白熊'。"

"哪来的白熊？"被测试者们对于这个"无厘头"的要求有些嗤之以鼻。实验已经开始了，可是完全出乎意料的情况出现了。八竿子打不着的"白熊"总是浮现在这些被测试者的脑海中。即使是想起自己要买的汽车，里面坐的也是白熊；回想一下比基尼美女，结果也是白熊穿着比基尼在游泳。无论被测试者们怎样努力克服，白熊都不会消失。实验的最终结果就是，一些被测试者，最终都没能逃脱白熊的"魔爪"。

面对这些受白熊折磨的被测试者，心理学家再次给出了简单的课题。这次与第一次一样，可以将心里的想法畅所欲言。即使想起"白熊"也没有关系。结果，这次出现了非常罕见的现象，所有被测试者的脑海中除了白熊以外，几乎没有任何其他想法。

"白熊"代表我们抵触的记忆或想法。如果我们越是抑制这些记忆和想法，则越会执著于这些记忆和想法。这样，"抑制"与"执著"无形之中就建立了一种联系。这就是我们所熟悉的"爱恨感",即喜爱与憎恨同时并存的矛盾感情,究其根源也是由于这种"抑制"与"执著"之间的辩证关系。

无论是谁都会有陷入到"抑制与执著的恶性循环"的时候,一旦陷进去,就很难自拔。所以有位诗人曾说过:"每个人的胸膛中都被深深地钉进了一个大钉子。"想要拔,却拔不出;越想拔,反而钉得越深。

这样的时候,散步是最好的选择。如果你选择静静地坐着,那么越坐,这该死的"白熊"越会来招惹你。但是如果你走出家门或办公室的话,就会感受到与刚才完全不同的视觉、嗅觉,乃至听觉的刺激。就像身体里被深深埋进了一颗大钉子,你想凭借抑制来抵抗这样的记忆,是绝对不可能的,只有顺其自然地接受一些其他细小、多样的刺激,这颗"大钉子"才会被慢慢弱化,逐渐成为众多刺激中的一部分,然后逐渐变小。

这样的情况很常见。那些让你整夜失眠苦恼的事情,一旦想通了,你就会发现其实没有什么大不了,甚至还会惊讶自己当时怎么会为这样的事情而苦恼。这全都是因为"白熊"。沐浴在阳光下,人会感受到各种刺激,这些刺激会使你自然地从"抑制与执著"中得到解脱,赶走那只使你整夜痛苦的"白熊"。所以,一旦有了忧郁的想法,一定要尽量使身体发生位移。临床心理学家或精神科医生,告诫忧郁症患者不要静待,必须使身体动起来,就是出于这个原因。

人们之所以会觉得自己生活得艰难、不舒心,全是那只"白熊"惹的祸。因为即使有人想说说其他的话题,试图转换一下气氛,过不了多久也还会回到"白熊"的话题上。

所以我们一定要出去散散步才行。哪怕你只是看看小区前面那家小店的招牌,也会使那只"白熊"消失。或许还可以看到穿网眼丝袜的女人,那可算你幸运了。如果能看到那种直径十厘米的超大网眼丝袜,那就更要感谢老天爷的偏爱了,呵呵!

穿梭在"艺术殿堂"喷泉广场上的女人都很靓丽

　　那是莫名忧郁的一天，我因为思考自己这样生活到底对不对而非常苦恼，于是信步来到了"艺术殿堂"喷泉广场。坐在音乐喷泉旁边的莫扎特咖啡厅里，要了一杯咖啡，一口一口地品了很久。这期间，从悲伤的我的面前走过很多笑着的、打扮入时的漂亮女人。这些女人简直是天生尤物。所以我也不由自主跟着笑了，好了，现在可以回家了。

我开始迷上金惠洙了

在这世上，让人无法理解的事情可真多。我最无法理解的事情就是"难吃的饭店"。老板到底怎么想的呢？做这么难吃的饭菜来卖钱，到底老板有没有亲口尝过这个菜啊？

如果哪天我在这样的饭店吃饭，那么一整天我的心情都会特别郁闷。有时甚至还会感到愤怒。因为我一天的幸福全砸在它的手里了。经营难吃的饭店，真是一种罪过啊！可是，饭店老板却全然不知自己的饭菜很难吃。甚至相反，他们认为自家的饭菜非常好吃，要不怎么会一直经营下来呢？我想天底下应该不会有靠连自己都觉得难吃的饭菜来赚钱的傻瓜。这样的饭店迟早得关门大吉。

"难吃的饭店老板的两难境地"为我们很好地展示了当今社会正在角力的问题的实质。就好比首先要了解好吃的饭菜是什么样的，之后才可能做出来好吃的饭菜一样，**我们也应该先知道生活的乐趣和幸福是什么，然后才能打造出使我们愉快生活的世界**。如果一个人根本不了解构成幸福有趣的生活的具体条件，那么其打造出来的产品也必然不会具有任何竞争力。"名牌"就是为了使生活变得幸福和愉快的！这个道理并不只是单纯适用于商品生产。我们每天为自己创造出来的具体生活条件也是一样，它应该能够体现出"幸福和乐趣"的价值所在。但是你连自己喜欢什么都不清楚，又怎么能创造出喜欢的东西呢？

事实上就在前不久，我还很讨厌金惠洙（**韩国著名影视演员。——译者注**）呢。我觉得她就是一个没什么本事，却总是喜欢耍大牌、装傲慢的演员。但是，看完电影《老千》（*The war of flower*，**又译《花战》。——译者注**），使我对金惠洙的偏见一扫而光。现在我觉得这女人无论做出什么样的举动，我都会通通原谅。仔细观察一下，我周围几乎所有肚子发福、整天为脱发而烦恼的中年男人都喜欢金惠洙，而且其中大部分人也都是看过《老千》之后才开始喜欢她的。

这全都拜她那一对丰满的巨乳所赐！金惠洙在电影《老千》中，只向世人展示了几秒钟她的胸部。可是仅仅这样几秒钟就足以使这些没规矩的中年男人无一例外地全都为其倾倒。在金惠洙的勇敢露点之后，胸大的女演员们也都开始暴露性地敞开她们的"胸怀"。举行电影节颁奖仪式或颁奖大会的日子，你百分之百可以在新闻中看到这些女人的酥胸。她们展示自己胸部的理由很简单，就是因为有太多没规矩的男人喜欢偷窥她们的咪咪。

为什么男人们会如此热衷于丰满的胸部呢？自嘲说是因为被美式色情作品摧残了的结果未免太过简单。因为美式的色情作品中，除了丰满的胸部以外，还给我们展示了很多东西。但是这里的爷儿们却唯独痴迷丰满的咪咪。

这是因为他们生活得没有乐趣！

在生活中寻找不到任何乐趣的韩国男人，在他们身上体现出来的第一个现象，就是"对丰满胸部的退化反应"。他们感到没有人愿意理解自己，虽然他们每天都在讲话、都在生活，可是环顾四周却找不到一个真正愿意倾听他们内心声音的人。渐渐地他们开始发现理解这个世界变得越来越困难，在面对变化的速度时，不止一次地表现出自己的无力。一旦发现自己曾经以为很熟悉的情况被全盘改变的时候，他们就又会变得很无奈。这样的经历反反复复出现，最后他们反而变得开始怀疑自己了。

这是"沟通"的问题。真正的"沟通"行为，应该是以"情绪共有"为前提。被剥夺了"情绪共有"过程的"沟通"行为，就会给人造成不安。这种由无法沟通带来的不安，使得韩国男人们更加怀念女人丰满的胸部，渴望把自己的头深埋在那丰满的胸部间大哭一场。

人类体验过最完美的沟通部位就是母亲的胸部。根据深层心理学，婴儿吸吮母亲乳汁的时候，可以感觉到自己被最彻底地理解，并能感觉到这世上其他人的存在。他们知道此时自己所感知的情感同样也被这世上其他的个体所感知，这就是人类"沟通"行为的起源。从哲学概念上讲，可以称为"主体间性"（inter-subjectivity）。

想想吧！谁能保证我现在所讲的这个单词"胸部"的意义，与读这篇文章的读者们所理解的"胸部"完全一样？但是我相信我们正在朝着相同的意义上理解。这种没有证据可证明的"主体间性"式的信任，到底又是从哪里来的呢？答案就是母亲的胸部！从与母亲的皮肤亲密接触、交换情绪的行为开始，人类就逐步产生了可以与世界沟通的能力。"我可以与这个世界相互沟通"，这种信念就是从母亲的胸部开始的。如果沟通越来越困难，人类就会变得越来越不安。于是出现了为克服这种不安所采取的最原始方式。**由于记忆中存在与母亲胸部的完美沟通体验，最终使得男人们开始了对丰满胸部的狂热迷恋。**

婴儿长大后，逐渐开始体验与母亲之外的其他人或其他"情绪共有"体的沟通经历。首先就是通过"游戏"。游戏是将在母亲胸部体验到的"沟通"扩大的过程。孩子们参加游戏，可以使他们拥有同样的情绪体验。这就是"乐趣"。孩子们在游戏中体验到的所谓"乐趣"，正是他们在母亲胸部体验过的"主体间性"的扩大形态。所以，与我一样不太规矩的中年男人对"金惠洙的胸部"所表现出来的狂热迷恋，是一种想要逃避无聊生活、逃避由无法沟通所带来的不安的退化现象。

厌倦了无聊生活的韩国中年男人，最近表现出来的第二个现象就是"马拉松热"。从几年前开始，只要马拉松大赛一举行就会人满为患，其中大部分都是四五十岁的中年人，并且他们都高举为健康而跑的旗帜。但是为什么偏偏要选中马拉松这项活动呢？凡是在部队经历过 10 公里体能训练的男人都可以想象得到，42 公里不间断地跑下来会是多么痛苦。但是我们这里的男人们却誓死也要跑马拉松。

时下的马拉松大赛绝对不会再出现赤字了，因为全国处在痛苦中的男人们都在争先恐后地报名参加。平均他们一年完整跑下来的马拉松次数有 10 ～ 20 次。可是据说像李凤柱（韩国著名马拉松选手。——译者注）这样专业的选手一年也才不过 3 ～ 5 次，因为每一次完整跑完马拉松，都要消耗相当多的体力。但是我们这里的男人们，却宁可死也要跑。我想，参加这种稍有不慎就会危及生命的极限运动，绝不是单纯为了健康这么简单。

当然，为了健康而跑步的人也很多。但是让我感到费解的是这突如其来的

"马拉松热"。为了健康，可以进行的运动数不胜数，为什么偏偏要对无聊痛苦的马拉松如此狂热呢？

因为他们缺乏存在感！

这些男人因为无法与世界沟通而感到不安，并且备受煎熬。而他们所能选择的最简单的解决办法就是"自虐"，所以他们试图通过使自己感到痛苦的方式代替与人沟通来确认自己的存在。 每一位完整跑完马拉松的选手接受采访的时候，都会宣称是"为了战胜自己而跑"。唉，可是我们该"战胜"的对象却绝不是自己。

人们与自身沟通的行为，在哲学中叫做"自我反省"（self-reflection）。看着镜子中的自己自言自语，就是"自我反省"的一种。但是比起自言自语，大韩民国的老爷们似乎更喜欢跟自己打仗，并战胜自己。可是，这种方式并不能真正让自己重获存在感！由无法沟通而引起的不安，只有恢复沟通才可能消除。但是他们却仍然痛苦地跑着。这就是认为生活了无生趣的韩国男人们表现出来的第二个现象——"自虐式确认存在"。（因为我提出这种主张，某个马拉松团体的会长向我提出强烈的抗议。但是我恳切希望他们能够理解我说这些话的本意。我并不是否定"为健康而跑步"这种行为，只是对突如其来的中年人"马拉松热"进行文化心理学方面的解释。）

生活了无生趣的韩国男人表现出来的第三个病态是喝"炮弹酒"。这真是一个相当严重的问题。虽然马拉松本身不是一种解决办法，但它也证明了人们有为从不安中解脱出来而努力过。与马拉松相比，喝炮弹酒则完全是一种非常恶劣的行径。想要解决问题，就得先了解问题所在，然后才能找到解决办法。但是，喝炮弹酒却完全只是逃避问题的表现。

我归国初期，最无法忍受，也最不可理解的事情就是喝炮弹酒。我真的无法理解这种大家每天晚上聚在一起，然后轮流喝炮弹酒的行为。记得高中时，曾和朋友一起偷喝了他父亲收藏的洋酒，然后又把大麦茶装进瓶里伪装成洋酒放回去。现在那么贵重的洋酒却每晚都被人们像喝大麦茶一样喝掉。且不说别的，那么贵重的酒，怎么也不应该以这样的方式被喝掉啊。我问他们为什么要喝炮弹酒,回答是"因为这样醉得快"。然后我又问:"那为什么想要快点醉呢?"

他们说,**因为清醒的时候,互相只能大眼瞪小眼却讲不出话来。但喝了炮弹酒,几巡下来,眼前就变模糊了,这个时候才能敞开心扉与别人聊天**。噢,原来是这样!不过与其说这些人在敞开心扉聊天,不如说是"酒精促使他们开始聊天"。

讲话的时候害怕看见对方的眼睛,在精神病理学中称为"自闭症"。喝炮弹酒其实就是集体自闭的症状。自闭症不只是不能正常进行社会生活的儿童才有,看似每天都在正常进行社会生活的成年人也会出现自闭现象。很多人都会有类似这样的情况,即使与对方认识并且交往很久了,但还是不能确定自己完全了解对方。这是因为这些人绝对不会把自己的事情告诉别人。这些人害怕与他人分享自己的内心世界。这种情况也可以说是轻度的自闭症状。

虽然导致产生自闭症的原因尚没有明确的说法。但是害怕与他人"情绪共有"的表现已经被广泛地定义为自闭症。无论是严重的自闭症患者,还是尚能正常社交的自闭症患者,他们都有着共同表现:绝对不直视对方的眼睛,因为他们害怕表露自己的内心。

同理可证,喝炮弹酒的人只有在眼前模糊的时候才能直视对方并与之交谈。这说明这种男人已经患上了非常严重的自闭症。

我讲这些,不是不让大家喝酒,而是强调我们应该正确地喝。酒,应该是人们为了互相分享对方的经历与内心世界,并最终达到"情绪共有"的目的而喝的。而那种因为害怕情绪共有、不敢与人聊天,只是单纯为了尽快醉掉而喝的酒,怎么能算是正常的呢?

更严重的是,不是只有工薪阶层才喝炮弹酒。教授们聚会的时候也喝,公务员们也喝,连政界人士也每晚都喝。为了摆脱无法沟通所带来的恐惧,全韩国的男性每晚都在喝着炮弹酒,所以说我们韩国的男人们患了集体自闭症。

除了丰满的胸部、马拉松和炮弹酒,活得了无生趣的韩国男人们还热衷一项新活动。从松骨、水疗,到按摩院、洗头房,各种各样提供肌肤刺激的服务行业,现在都经营得如火如荼,可以说是相当繁荣啊。到底为什么会突然出现

这种现象呢？我把这种现象称为"肌肤刺激缺乏症候群"。这正是因为这些中年男人们在"沟通"上出现障碍所引发的第四个社会现象。

抚摸是相互作用的最基本形态。我们抚摸他人身体的时候，我们的手其实也在被对方的身体抚摸着。相爱的人会经常互相拥抱，那是因为他们都想要抚摸对方同时又想被对方抚摸。现在，我感觉随着年纪越来越大，也越来越没有人愿意抚摸我了，呵呵。

所有的哺乳动物都会本能地通过肌肤接触来使心情平静。在被剥夺肌肤接触的状态下长大的猴子，不仅免疫力差，而且还会表现出不安的症状，以致过早死亡。把白鼠幼仔分成两组，其中一组用蘸水毛笔持续地刺激它们的皮肤，而另外一组只提供它们食物与水。因为蘸水毛笔感觉起来与白鼠妈妈的舌头是一样的，所以受到持续刺激的小白鼠们健康地活了下来，而只喂食物的小白鼠们则没多久就死掉了。

人类也是如此。在重症监护室里，如果护士经常抚摸患者给其安慰的话，那么这个患者活下来的概率会比其他病人高很多。

神经生理学家怀尔德·潘菲尔德（Wilder Penfield，加拿大神经外科医生。——译者注）曾研究了负责身体各个不同部位的脑部神经的差异。负责不同部位的脑部神经位置各不相同，容量也存在差异。然后怀尔德又根据负责不同部位的脑部神经比重反向进行推算，重新计算出身体各部位的大小。对照那个图表，我们曾认为最重要，并且最希望经常被抚摸的生殖器，其脑神经所占比重反而出乎意料地少。也就是说，我们的脑部似乎并没有对这个部位有太多关注。但是人们却似乎只喜欢这个部位被抚摸，看来是"跑偏"了。

所占脑部神经比重最多的身体部位，其顺序分别为手、嘴唇，然后是舌。现在大家可以理解为什么恋人们总是希望不停地互相抚摸了吧。接吻也是这个道理，是因为人们想利用占脑部神经比重更多的部位来感觉。现在寻求更多感觉的年轻恋人，其舌头的利用率非常高，并且花样繁多。看到控制舌头的脑神经所占的比重，我想大家就能立刻理解他们为什么非要使用舌头了。因为与嘴唇一样，舌头也是非常重要的。我们希望吃到可口的饭菜，也是因为这个原因。

"通过抚摸、被抚摸这样自然的肌肤接触获得的'沟通'过程除了逐渐被剥夺，同时也被歪曲成色情的形式"，这是英国社会学家安东尼·吉斯登（*Anthony Giddens*，英国著名社会理论家和社会学家，伦敦经济学院前院长，剑桥大学教授，中国社科院名誉院士。——译者注）提出的观点。本应利用全身来感受的相互关系，却被歪曲成只集中在生殖器上的"男根中心主义"，如今色情读物大肆泛滥就很好地证明了安东尼的观点。但韩国男人频繁出入按摩室、洗头房并不是单纯地为了进行性买卖。健康的生活乐趣消失、自然的情绪交流被剥夺、患有"沟通"的障碍，这些才是韩国男人们热衷去这些地方的真正原因。不解决本质问题，而仅仅依靠"禁止卖淫嫖娼"之类的法规来规范韩国各种色情场所，是绝对不可能的。

另外，即使是健康的运动，如松骨、水疗、按摩等，也不过是为了治愈人们因无法沟通所带来的不安而出现的解决办法罢了。

现如今，这种康乐产业的市场越来越大，因为男人们要通过越来越多的抚摸与被抚摸，才可以获得存在感。但是这些解决办法似乎只会使一些非常"饥渴"的特殊部位变大。

总而言之，就是越抚摸，越变大，至于什么部位变大，管他呢！

第 ② 章

男人的生理
会随着季节交替而变化

나는 아내와의 결혼을
후 회 한 다

春天里的男人应该像发情的猛兽那样激情澎湃

生活的满足感与记忆力的好坏成反比

你体验过在孤独中遭遇天花板坍塌的感觉吗

当女人离开男人后

退休丈夫症候群

我家后山有一眼"兄弟泉"

春天里的男人应该像发情的猛兽那样激情澎湃

在浪漫的春天里，连植物都开始发情。负责繁殖的花粉和花蕊会随着风漫天飘散。看着这些随处上演的"激情"，作为人类的我们怎么能无动于衷呢？因此，我们也有了在春天里激情的理由。

在春天盛开的花里我最喜欢的就是梨花。至于樱花实在是凋零得太快了，在我看来这像是早泄一样。在我的记忆中，樱花盛开的时候，通常天气还都比较冷，风也比较大。娇嫩柔弱的美丽樱花看起来真是惹人怜爱，可惜只要冷风一吹就化为乌有了。相反，花期稍晚的梨花，虽然不够惊艳，但却不容易凋落。而且梨花的树干比较矮，很容易就能触碰到，人站在花荫下会有一种被幸福笼罩的美好感觉。

狎鸥亭洞（韩国首尔著名的繁华商业区。——译者注）一带曾经是一片梨树林。我读高中时，每到春天，我总会编造各种借口早退，然后一个人跑到梨树下坐着，听着约翰·丹佛那首让我爱死了的 *Sunshine On My Shoulders*，直到夕阳西下。那时，我甚至想，"如果有一天我有了相爱的女孩，初吻一定要在梨树下"。在浪漫的梨花盛开的春季里，连我这个小屁孩都开始思春了。

遗憾的是，活到这把年纪，我都还没在梨花树下接过吻。和老婆的第一次接吻发生在当时她家附近的老年活动会所卫生间里，而且还是我被老婆压在墙上完成的。结婚已经 20 年了，可只要我提起当年的情景，老婆仍然会火冒三丈。

我怎么感觉我又在找骂了呢，呵呵。

我想只要是正常人都不会对春天的到来完全没有感觉。我的几个哥们儿，一到春天全都开始发情了。我最近经常和大学就认识的归贤君、仁洙君还有应元君见面，一起打打高尔夫球。但是，那不过是个借口罢了。我们都不过是在漫不经心地挥挥杆，真正的目的是一起聊聊那些绝对无法与其他人分享的、赤裸裸的话题，聊那些中年男人都会遇到的事情。

归贤君的苦恼是自己只要一站在老婆的面前，所有的性幻想立刻就会消失得无影无踪。于是他只好每天晚上都买一瓶婴儿油回家。老婆最初发现时简直吓了一跳，但是现在却干脆连眼皮都懒得抬一下，只是感叹"人啊，难道就不愿意闲着吗？"归贤君每次讲到婴儿油的功效时总会口若悬河，不讲得口干舌燥绝不罢休。甚至还告诫我们，用婴儿油的时候千万不要吝啬，每次都应该把整瓶干光。

朋友的孩子都已经上大学的时候仁洙君才刚刚结束单身王老五的生活。最近仁洙君的女儿出生了。每天夜里都要哄孩子的仁洙君，天天眼睛红得像得了红眼病。但是只要认真听他说会儿话，就会发现仁洙君的性幻想是我们当中最活跃旺盛的。他甚至能把性幻想描绘得栩栩如生，好像他全部都亲自实践过一样。本身是成均馆大学教授的仁洙君甚至托性幻想的福在专业领域进行了大胆的开拓，成为了韩国关于创意性理论第一人呢。

应元君是一家投影仪销售公司的社长，是一个十足的好好先生。虽然我们大家的高尔夫球技都很一般，但是其中最烂的还数应元君。每次他都是输钱。但不管发生什么事情，我们都从来没见他发过火。不过对于这些关于发情的故事，他却出乎意料地感兴趣。他解释说为了老婆的幸福与满足，必须让"小弟弟"每天早上都雄赳赳气昂昂。而我们胡吹滥侃的一些夸张的话，他也全部照搬回家亲身实践。真没想到外表看起来如此庄重正经的家伙，内心竟如此狂野奔放。

至于我自己就别提了，和老婆正在冷战，连话都不说。因为老婆在天安附近一所大学当教授，变得比我还要忙，根本顾不上关心我。老婆每天一早就开始忙得脚打后脑勺。而且不知从什么时候起，她已经不再给我做早餐了。甚至连"补药"都不给我张罗。"我吃补药也不完全只是为了我自己啊，还为了老婆嘛！"每次我这么一嘟囔，归贤君、仁洙君，还有应元君就会像大合唱一样，

同时骂我。

我们聊天的内容，与刚二十出头的年轻士兵夜里站岗放哨时聊的内容，基本没什么两样。

几乎所有士兵通宵站岗时聊的都是关于女人的话题。内容甚至囊括了无法用语言表达的各种想象力和秘诀。如果用一句话总结所有士兵的聊天内容，那就是，大韩民国没有处女。第一次见面的女人，就能与你热吻；一起喝杯咖啡的女人，就能陪你过夜。而且这样的女人绝不是少数。有时候，我两天前从某个老兵那听到的故事，当天晚上就会听到另一个士兵像讲自己的亲身经历那样绘声绘色地讲给大家听。其实我们都心知肚明，这些故事里幻想的成分居多，但是我们仍然会听得很兴奋，并不断地发出感叹。

最近我和哥们儿们聊天时，感觉就像是回到了20岁时的大学时光。细细想想，如果不是这些朋友，这样的话题和故事又能和谁分享呢？互相嘲笑、放肆地打趣，真的让人感觉很幸福。而且，在玩笑间其实还包含了我们互相对老朋友的关心。就让我们永远这样不识愁滋味地、永远健健康康地、毫无负担地讲讲荤段子、打打高尔夫吧。

随着年纪越大，社会地位越高，像这样可以敞开心扉聊一些不甚正经的话题的朋友就越少。我们只能装做道貌岸然，然后和平常见到的人聊一些枯燥无趣的话题，诸如股价跌了，房价涨了，谁谁赚大钱了，再不然就是骂骂政客。尤其是骂政客似乎已经成为全国人民的共同娱乐活动了。当然，偶尔也会开开玩笑。但无非是一些所有人都知道的冷幽默。有些超级无敌冷笑话甚至可以让人打寒战，这些"大叔式幽默"就连球童小姐们听了，也只能勉强地笑笑。这怎么会幸福呢？

即将步入"知天命"之年的男人们，真的只有在心理上感觉到"自由"时，才会与人聊些不那么平淡无味的、不正经的话题，然后放肆大笑。心理学家们认为，使人幸福的心理因素中最重要的就是"感知自由"（perceived freedom）。也就是说，幸福是由感知自由的多少而决定的。我们之所以想赚很多钱，想升到很高的职位，就是因为我们认为那样才会变得更自由。其实所有人都知道，这只是一个错觉。但是除此之外,却又不知道还有什么其他方法可以获得自由。于是只好盲目地跟着其他人走,最后走进死胡同。直到撞了南墙,才知道后悔,可惜已经为时已晚。所以,随着岁月的流逝,人们会越来越感觉到,与亲密无间的朋友在一起时那种心理上的自由是多么的宝贵。

有意思的是,人们心理上感知到的自由,与实际空间上的自由,有着隐秘的联系。据说,在可以接触到广阔大自然的农村中长大的人,情绪上更容易感受到自由。美国科罗拉多大学经营学系的劳伦斯·威廉姆斯和耶鲁大学心理学系的约翰·巴格,在最近发表于《心理科学》(*Psychological Science*) 杂志的论文中提到,"与生活在狭小空间里,且把门关得严严实实的都市人相比,居住在有更广阔空间的农舍里的人,精神方面更稳定,且可自由地感知事物。"

根据这类研究,心理空间广阔的人,情绪方面也比较稳定。面对暴力场面或不舒服的情况时,心理波动也不会太大。相反,心理空间狭小的人,则反应更敏感、更容易感觉到不舒服。不仅如此,他们在面对日常生活中经常出现的危害现象时的反应也更夸张。比如说,他们对巧克力、快餐之类的危害的反应要更敏感、更严重一些。所以说,**我们应该使自己的心理空间广阔起来,这样不仅能使我们的情绪稳定,而且还能充分地感受自由,并独立自主地对事物进行判断。**

对我们来说比较重要的是,这种心理空间会随着我们日常的生活空间增大而增大。也就是说,日常生活空间越大,就越容易有自由与舒适的感觉。因此,可想而知那些顶多能住在 **30** 坪左右(约 **100** 平方米。——译者注)的房子里的韩国男人们感觉有多么受束缚。

更要命的是,男人们现在就连待在相对较舒服的家里的时间也所剩无几。他们从早到晚坐在不足 3 平方米的办公桌前,面对不足 30 平方厘米的电脑屏幕,日复一日。而更为讽刺的是,那个狭小的屏幕竟然被我们称为"WINDOW",也就是放眼世界的窗口。由此可见,我们变得越来越敏感、不安,绝对不是偶然的。

唯一能让韩国男人感觉到自由的地方就是汽车驾驶室,但必须是属于自己

的私家车。他们绝对不能容忍任何人侵犯他们最后的自由空间。因此即使是那些平时看起来很稳重的人，只要坐到驾驶座上也会马上变得粗暴起来。遇到想要变道的车，只要对方的转向灯一闪，驾驶座上的男人就如同收到告诉自己"要加速"的信号一样，赶紧踩下油门，缩小与前车的距离，让对方绝对无法挤进来。这样做，只是因为男人们感到自己唯一的自由空间遭到了侵犯。

广义来说，可以说现代社会的演变就是人类心理空间缩小的过程。正是由于这种重视私属领域，认为应该保护个人生活隐私的现代意识形态，使得人们逐渐划分出狭小的个人私属空间。

我们居住的住宅，标志着这种现代意识形态的完成。但问题是我们的住宅，无论怎样变大，也还是有限的私属空间。而且住宅内部又被重新划分成各个更小的空间，并且人们在每道门上都装了锁，这种力图保障私属空间和个人自由的现代意识形态，最终带来的结果就是人类心理空间变得越来越小，从而越来越敏感、不安。

有时间，**我们应该经常出去走走。越是忙碌，越应该把时间挤出来。哪怕只是下班后牵着孩子在小区里转上一圈。与哥们儿见面的时候，尽量不要在狭小的酒馆里喝酒，那样只会聊些彼此生活中的难事和苦闷。**最后肯定会有家伙喝醉惹祸的。所以，年纪越大，我们越应该与朋友相约到户外走走。只有那样才会让彼此都变得愉快起来，心理空间自然也会变得广阔。

在公司午餐时也一样。一群人聚在一起急三火四地吃完便当，和女职员开些不荤不素的玩笑后，就又回到自己狭小的办公桌前了，以后真的应该尽量避免这种愚蠢的行为。更加不应该一个人跑到咖啡厅想些杞人忧天的事情。当你因为不安和担心而经常失眠的时候，就是时候该为自己开阔一下心理的空间了。

我再也不能像过去那样在狎鸥亭洞的梨花荫下发呆了。但是，春天的时候我仍然经常会去"艺术殿堂"喷泉广场。在首尔，已经不太容易能找到像这样舒畅、宽阔、幸福的空间了。那里的喷泉，每天都会伴随着悠扬的音乐翩翩起舞，并且每到乐曲的结束部分，都会华丽得像孔雀开屏一样。有些小孩还会穿上黄色的小雨衣来这里玩。年轻的父母在这一刻都会变得宽容，不管孩子们的衣服弄得多湿，都不会责备他们，只是美滋滋地看着他们笑。哪怕仅是看着这样的情景，也足以让我倍感幸福。

我在喷泉广场旁的莫扎特咖啡馆里点了一杯咖啡，独自坐着喝了很久。晚上一个人来的时候，我还会点上一杯德国啤酒，静静品尝那醇香的味道。就这样一个人静静地坐上几小时，呆呆地看着音乐会上来来往往的女人，也不失为一种美妙的享受。

穿梭在"艺术殿堂"喷泉广场的女人绝对都是一顶一的美女。她们不仅服饰搭配得特别得体漂亮，而且每个人的脸上还都带着愉快的表情。偶尔，我也会想起"归贤君的婴儿油"。每当这时，我都会偷偷地露出难为情的表情，然后轻轻地摇摇头。

但是仅仅是这样安静地坐着看看来来往往的人们，也足以让我的心理空间得以扩大，不再觉得不安！

生活的满足感与记忆力的好坏成反比

在男子汉们成长的过程中，到了某一时期，就会因为美丽的女人而开始心潮澎湃。从那时起，男子汉们就开始心神不宁。这种心神不宁的实质，其实就是无法控制的性冲动。飘飘然的，又有些微热，还伴随着朦胧的感觉……

男子汉们第一次的意淫对象，可以是女班主任，也可能是邻居家的姐姐。

而我的，则是美国女明星，德博拉·克尔（Deborah Kerr，好莱坞女星，多饰演一些形象诱惑的角色。——译者注）。

大概是小学六年级时的事情了。学校组织看一部名为《你往何处去》的电影。在电影的最后德博拉·克尔被拖进罗马角斗场。当看到她那随风飘舞的裙子时，我平生第一次对女人的美丽有了反应，我兴奋了。虽然随后她的奴隶与狮子角斗的惨烈充斥着整个画面，可是我的注意力却始终集中在后面被捆着

的德博拉·克尔身上。那条把她的身材完全展露无遗的裙子，还在继续随风飘舞。那个场面，甚至到了今天我都仍然历历在目。

即使是现在，我每当看到街上婷婷袅袅的百褶裙也会忍不住走神。这都是因为德博拉·克尔！春天的时候，不知怎么搞的，我只要看到穿百褶裙搭配网眼丝袜的女人，即使是在大白天我也会瘫软到恨不得跌坐到地上。

我仔细地分析了一下，看到百褶裙时我之所以会走神头晕，好像不单单因为德博拉·克尔。我的头晕，应该有更深入的"深层心理学"方面的原因。

看电影的那天，我除了第一次感觉到性冲动，同时还有有生以来第一次对于死亡的恐惧。那个年代，在电影开演前，观众们都要先看相当长的一段政府宣传片。内容包括《大韩新闻》，一个接一个的国民启蒙节目，还有诸如"新村庄运动"和"灭鼠"之类的国民活动推广。那天的宣传节目是关于"防范烟炭燃气中毒"的。

当时我家里使用的正是烟炭燃气，所以我喝着喝着萝卜泡菜汤时，会忽然感觉到烟炭燃气中毒的危险似乎正在悄悄逼近我。我以为自己并没有太认真观看那次的宣传节目，但是没想到它却给我留下了久久挥之不去的深刻印象。因烟炭中毒而赤裸裸死去的人，以及那些悲伤哀嚎的家属，总是反反复复地出现在我的眼前。太恐怖了。"我们家要是谁也因为烟炭中毒而死掉的话，可怎么办？"我被这样的恐惧吓得瑟瑟发抖。这之后，包括烟炭燃气在内的所有燃气种类，都让我产生了严重的恐惧感，并且这种恐惧已经深深扎根到了我的潜意识中。直到现在，我都认为燃气比癌症更可怕。当时政府里负责这项宣传活动的人，真可谓是成功而完美地完成了国家赋予他的职责。因为他对燃气危险性的宣传居然可以在一个人心中种下终生都抹不去的恐惧心理。

现在，对燃气的恐惧仍然困扰着我。甚至使我在关闭燃气阀门的问题上产生了强迫症。不论何时，出门前我都需要反复确认燃气灶的开关。哪怕已经坐到了车里，我还是会疑心自己是否真的关好了燃气阀门。由于心里仍然忐忑不安，只得再次回到家中。最后干脆把阳台的燃气总阀门从源头彻底关闭。我很讨厌自己这样，但是又无可奈何。因为不这样做的话，我可能一整天心里都七上八下的。我的生活越忙、越累，这种现象也会越严重。而这些压力，完全来自于当时那个电影《你往何处去》开始前的防范烟炭燃气中毒宣传片。

这也就意味着，使我头晕的并不是德博拉·克尔的"百褶裙"，而是我幼年时期对于烟炭燃气中毒的恐惧。当时的我，实在是太年轻、太幼小了。根本无法同时承受电影开始前对死亡的恐惧和电影结束后自身的性冲动。这种精神冲击，最终以某种形态在我心里留下了烙印。其结果就是我对百褶裙过分的狂热和对燃气阀门的强迫症。如果一定要套用弗洛伊德式语言的话，就是说性欲冲动 (Eros) 与死亡冲动 (Thanatos) 最终以"我看到百褶裙头晕"的形式表现了出来。

所以说我对网眼丝袜那不可理喻的迷恋是否与"蜂窝煤的洞眼"有某些象征性的关联呢？呵呵。

这是因为我们的一些记忆，被非正常地与某些强迫性的冲动联系在了一起。当然，由下意识的压抑所引发的忘性也属于这种本质，因而也具有相同的症状表现。记忆与失忆都应该是自然发生的行为。如果一定要使他们变得刻意，那么所有不自然的事情，都必定会伴随心理上的痛苦。很久之前，俄罗斯心理学家鲁利亚（Alexander R. Luria, *神经心理学的创始人。——译者注*）对能记住所有事情的男人的痛苦，进行了详细的说明。

曾是报社记者的舍雷舍夫斯基（*俄罗斯记忆力天才。——译者注*）拥有超凡的记忆力，即使是数十年前的事情，他也能准确无误地回忆起来。他与鲁利亚初次见面时，鲁利亚穿的什么衣服，说过什么话，他都可以分毫不差地准确回忆起来。但是，具有超凡记忆能力的他，却过得一点都不幸福。因为他同时还记住了过去一些羞愧、疲惫的事情。每当回忆起这些难堪的事情时，他当时所感受过的痛苦便会再次重现。

不仅如此，记忆中所有事情都太过细致，相应地，那个人就会失去抽象性的思考能力。通常，人们对一些事情的记忆方式是，忘记它的细节，而利用其大致的脉络、象征和隐含的东西创造出更深层次的意义。但是，对于能够准确无误记住所有事情的男人，舍雷舍夫斯基来说，他只是机械地记忆，完全不具

备抽象化的推论能力。这也就意味着他欣赏诗歌、小说或音乐等文艺作品能力的丧失。也可以说，他无法享受生活的乐趣，因而很难得到幸福。

最近我的记忆经常出现"非常频繁性"的错乱。例如KTV诞生以后，几乎就没有我能记住的歌词了；手机诞生以后，也几乎没有我能记住的电话号码了。我现在只能记住快捷键的代码，但也经常把家里的电话和老婆的电话搞混。如果哪天手机没电了，我的世界就彻底失控了。而且，我从很久以前就开始无法准确记住别人的名字了，以至每年迎接新入学的研究生时，我都是以"如果我记不住各位的名字，请千万别介意"作为开场白。

去企业或政府机关等地方演讲结束后，会有很多人上前与我交换名片。但是以后再见面时，我还是会完全认不出对方是谁。每次我一头雾水地傻笑，都会使对方非常难堪。有些脾气急躁的人，我甚至可以明显地看出他们心情很糟。连续遭遇几次这样的情况后，我现在干脆先下手为强，先装出我认出对方来了的样子。

我会故意含混不清地开始寒暄，这样对方就会立刻接我的话茬，向我抛出某些可帮助我恢复记忆的线索。然后明明才刚想起来对方是谁的我就可以装做早就已经想起来一样，将交谈顺利地进行下去。

大部分的人都认为记忆力衰退是开始衰老的现象，并为此而感到悲伤、忧郁。但是，忘性不是只有老年人才会出现的现象，孩子们也在不停地忘记。对于孩子而言，忘性是他们认知发展的必备条件。如果孩子们将自己听到的所有事情都记住的话，就会像那个"能记住所有事情的男人"一样，绝对得不到把事情抽象化、脉络化的能力。

上了年纪因而记忆力衰退，与孩子们的忘性一样，是非常自然的现象。记忆力越衰退，说明抽象化能力越发达。何况这种抽象化能力还被认知心理学专家们称为"智慧"。当然，脑细胞病患的痴呆现象除外。

随着年龄的增长，因为记忆力衰退而反向获得的智慧，是一种"缩小选择范围的能力"。年轻的时候，人们总是以为所有的事情都是越丰富，选择的范围越广越好。但是上了年纪以后，人们才逐渐明白选择范围太广其实并不一定是件好事，而且应该干脆把一些不必要的东西从记忆里清除出去。心理学家们曾为此作过相关的实验，证明选择范围广并不一定是好事。

心理学家们发给少男少女们每人一张可供他们选择的约会对象的名单，并让他们从中选出自己满意的对象。发给 A 组的名单上有 4 个人，发给 B 组的有 20 个人。起初，所有的人都想要站到可以得到 20 人名单的 B 组去。但是当他们真实开始约会时，心理学家们发现从 4 人名单中选出约会对象的人其满意度比另一组更高一些。

去饭店吃饭也是如此。如果菜谱上可选择的菜很多，那么大部分人在点菜的时候都会感到很困难，并会经常询问同桌的人。然后大家推来推去，最后的回答几乎都是"随便"。（我与别人一起去吃饭的时候，最讨厌回答"随便"的人。因为我认为这样的人就是不想为自己的选择承担责任。不愿意承担选择的责任，其实就是不想承担选择带来的结果。）通常那些因食物味道好而闻名的饭馆的菜谱上都只有一两种招牌菜。相反，不怎么好吃的饭馆的菜谱却相当丰富。因为这样那样全都做得出来，反而每样的味道都不够好。自助餐的食物味道不怎么好吃，原因就在于此。

在清除不必要的记忆的同时，我们将能锻炼出对事情的洞察力。虽然没有相关的理论能够证明这一说法，但通常最后事实都会证明其当时的决定是多么的高明和正确。相反，对自己的行为过分追求合理起因与理性分析的人，反而会令自己的生活变得不幸福。

心理学界也曾就这种说法作过论证实验。

心理学家们把所有被测试者分为两组，让他们从 5 张表示感谢的图画中选出自己最喜欢的一张。不同的是其中一组只要按照自己的喜好选出即可；而另一组则要说出喜欢或不喜欢每一张图的理由。四周之后，心理学家再次询问每一个被测试者，对自己选出的图画是否满意。有意思的是，

需要说出喜欢或不喜欢的理由的测试者，他们的满意度很低，并且对自己的选择表示后悔的人也很多。

仔细观察就会发现其实大部分人都会对事物进行批判性的分析。现实中，当人们对自己的生活满足、对自己的决定满意的时候，往往不需要理论分析。就像是能抓到兔子的老猎手，并不会有一套理论说明他"为什么能抓到兔子"。反而没有抓到兔子的猎人，对他的失败却有很多解释说明。"兔子的后腿长，所以往山坡上跑的时候速度特别快，我根本追不上""兔子的耳朵太长，我还没走到它跟前呢，它就已经听到动静跑掉了"等。

其实随着年纪增长，人们逐渐只需根据几条必需的基准去判断和决定某些事情就可以了。没有必要同时考虑所有的因素，何况我们也记不住那么多标准。

比方说，年轻的老板在选拔职员的时候，要综合比较、分析所有候选人的学历、资格认证、经验、性格等，必须仔细分析完每一项后才作出决定。甚至列表比对各项信息，一一打分然后进行累加，最后选择总分最高的那位。这种情况就是囊括所有可能，然后再从中选择的方式。

相反，老练、经验丰富的老板则只需要从自己重视的重点开始，逐级筛选。如果认为性格最重要的话，则将看起来有性格问题的候选人全部排除。接下来认为经验阅历重要的话，就将没经验的候选人全部排除，以这样的方式逐步进行下去。无论候选人其他方面的条件如何，比起面面俱到的全才，他们只选择专才。因此他们会优先选择符合自己最重要标准的候选人，然后逐步缩小选择的范围。

全面而细微的记忆力越衰退，抽象化思维与洞察的能力则越强。因为这种直观和抽象的智慧会填补理论性判断与合理性说明缺失的地方，所以需要填补的地方越大，则越能训练出这方面的能力。

德国顶尖智囊团，马克斯·普朗克研究所。(Max Planck Institute for Brain Research, 简称马普所。——译者注) 的格尔德·吉仁泽所长，干脆超前一步，他认为那些我们曾相信能够确保我们幸福的"以合理性、理论性为根据的判断"，反而使我们失败的概率更高，使我们更不幸。也就是说，我们越多地根据感觉作判断，反而更容易得到幸福。

所以大家不要为出现记忆力衰退、根据理论作出判断的能力消失这样的老化现象而难过或是愤慨。因为我们对生活的满足感会随着记忆力的弱化而增强，忘记得越多，我们越感到满足！

寒冷的冬季，想喝杯茶吗

　　曾在寒冷的冬季，独自彻夜在外徘徊的人都知道，在温暖的环境中，与人对坐，然后一起喝茶，是件多么幸福的事情……

你体验过在孤独中遭遇天花板坍塌时的感觉吗

窗框上还厚厚地堆着昨天的积雪。透过窗户的缝隙，隐隐可以看见一对年轻夫妇在厨房里忙碌的身影。一个洋娃娃般娇小漂亮的女孩，正坐在餐桌旁就着蜡烛的灯光看书。

不一会儿，女孩的妈妈和爸爸也围坐到餐桌旁，一家人看起来和乐融融，好像在聊些很有趣的话题。

而此时，一个体重不足 52 公斤，看起来干瘪消瘦的亚裔青年正站在窗户旁。他望着这样幸福的场景出了神，甚至忘记了自己已被冻得麻木的双脚。强烈的孤独和思念瞬间淹没了他，他竟像个孩子一样呜呜地哭了起来。

在冬天的德国北方，从下午 3 点开始，天就慢慢黑了。我是在 11 月下旬来到德国留学的。当时我住在一所老年医院的附属护士宿舍里，宿舍位于一个被称为"柏林半个郊外"的美丽湖畔。每天吃过午饭，天色就开始逐渐变暗。而我从每天下午 3 点开始，一直到第二天清晨太阳升起，都独自呆呆地坐在这个狭小的房间里。

当时，我没有任何朋友，如果在去图书馆的路上遇到认识的人，也只是用眼神打个招呼，然后道一声"Guten tag（*在德语中用于与人见面问好。——译者注*）"就完事了。后来想也许看电视可以稍微缓解一下孤独感，于是我从跳蚤市场买了一台老式的黑白电视机。可是德国的电视节目与韩国的截然不同，全是枯燥的谈话类节目或脱口秀，我根本看不懂。德国公演文化（*音乐会、演唱会之类的公众演出。——译者注*）发达的原因就在于电视节目太没意思，而韩国公演文化不发达估计就是因为电视节目实在太有意思了。

孤独是一种让人无法忍受的痛苦。不知从何时起，我一躺下，就感觉天花板开始塌陷。好像快窒息一样，我霍地一下坐了起来，但这时墙壁已经开始压

了过来。那时我感到一种巨大的恐惧，好像心脏快要跳出来一样。恐慌中我迅速逃到了门外。但即使在外面过了很长时间，我仍然无法平复。我好像得了在精神病理学教科书上看到过的"封闭恐惧症"。一般被关在单间监狱里很长时间的犯人才会得的"封闭恐惧症"竟然出现在了我身上。从那时起，我就开始变得"不正常"。

心理上崩溃过的人都知道，**无论多么稳重的人，一旦崩溃，那么自己根本无法独自承受。很容易从此就一蹶不振**。而且不管是谁，都可能遭遇这种情况。那种心理上的痛苦绝对超出你的想象。

这不是什么可炫耀的事情，连我自己都没有想到我会那么轻易、可笑、简单地崩溃了。因为恐惧和战栗，我没有胆量再走进我的房间。每当夜晚降临，我都哭着徘徊在柏林的街头。走到前面提到的那扇窗户边，呆呆地凝视那幸福的一家子，然后再转身回去，这就是我当时生活的全部。

服兵役的时候，有一项训练是要我们在最冷的三九天夜里通宵步行。在温度只有零下二十度的江原道华川北部的山沟里通宵行走，真的感觉快要疯了一样。不管你怎样拼命地走，脚底板也还是会被冻得僵硬。刺骨的寒风从防寒帽的缝里钻进来，吹在脸上像刀刮一样。呼出的气也会很快凝结成冰碴，挂在防寒帽的帽檐上。

通宵走的时候，眼皮困得直打架，这种困顿和疲劳让我感觉身体有万斤重。但不管怎么走，都无法驱赶寒冷。而且每当看到路边民房透出来的灯光，我都会感到更加疲惫。因为我总是会偷偷地想象那些房间里会是什么样子。

首先，那个房间的地热肯定很足。地板上铺着漂亮的绸缎被子，然后一位年轻美丽的女子穿着白色的内裙（韩服的衬裙。——译者注），独自做着针线活。我自己也不知道为什么会有这样的想象，但在我的想象中似乎每次都是这样一位年轻的女子独自坐着。可能是看《传说的故乡》看得太多了吧。女子做针线活，做着做着失手碰倒了煤油灯，然后便可能会发生什么意外，这全是《传说的故乡》里的老套剧情。

此外，我的想象中那女子一定穿着可以清清楚楚看到乳沟的韩服上衣。那时，我就一边机械地走着，一边想如果能把手伸进那雪白的乳沟中，该是多么暖和啊。由于太过寒冷，我似乎整个人都变得不正常。我的"恋胸癖"，可能从那时候就已经开始了。

但在柏林的夜路徘徊却比在华川北部的夜行军更让我痛苦。因为无论怎么走，都不会想起女人的温暖胸部来。我觉得德国女人那超大尺寸的胸部对东方人来说，与其说温暖，倒不如说可怕更贴切。在这无穷无尽的孤独中，我始终没有找到可以解救自己的办法。因为在对孤独的恐惧中还包含着更深层次的根源性问题。那就是我对于自己"存在"的疑惑。在完全陌生的异国他乡，我平生第一次遇到了无法确认自己的存在的荒唐情况。这所有的痛苦都源于我根本无法确认自己是谁。

在祖国，我的存在是非常理所当然的事情。我是我爸爸的儿子，我朋友的朋友，我兄弟的兄弟，我女朋友的男朋友。我完全没有必要去思考自己是谁。但是这种非常自然的事情，到了柏林就不再是理所当然的了。在怀疑所有外国人都是非法滞留者的移民局工作人员面前，我都要非常清楚、肯定地证明出我是谁。我的所有社会关系都要用文字材料写出来才可以。而且，这些就是我的全部。我对于这种状况的不安，最终造成了我的孤独。

在柏林的格吕内瓦尔德森林入口处，有一个小教堂，教堂的门上面会贴着将要举行的音乐会的宣传海报。这次是舒伯特的《冬之旅》。当时我所知道的唯一一首德国歌曲《菩提树》，就属于《冬之旅》乐章中的一首。

我信步走进了教堂坐下。教堂里面除了几个老奶奶，再没有任何人了。一个年轻的男中音开始唱歌。德国的抒情歌曲，尤其是舒伯特和舒曼的歌曲，只有用男中音唱，才能准确地表达出那种悲伤的意境。而且《冬之旅》本来就应该用无限的悲伤和困苦来演绎。只有那样，才会使人领悟到歌词中每一句所隐含的惆怅，与那脆弱的心灵一起哽咽、哭泣。当时，那位不知名的男中音，就这样使几位老奶奶安静地坐着，听他将《冬之旅》的悲伤用歌声娓娓唱来。

就在那一刻，我才第一次领教到舒伯特音乐的魅力。对于当时不知怎样面对孤独的我，能够与舒伯特一起感受《冬之旅》的悲伤，这给了我相当大的慰藉。

之后，每当傍晚来临，我都会到处寻找音乐会听。柏林的很多地方在夜里都会上演这种类型的音乐会。对于能够听到舒伯特音乐的机会，我几乎从未错过。

随着时间流逝，我开始喜欢上巴赫。这说明我的心理已经健康了很多。因为巴赫的音乐与舒伯特比起来更积极一些。就这样，伴随着舒伯特和巴赫的音乐，我克服了留学初期的孤独。即使是现在，听舒伯特的音乐也是我人生最享受的一件事，这是我确认自己存在的一种方式。

我研究室里的每一个角落都摆满了舒伯特的乐曲集。我车内的音响必播的也是舒伯特。春天的时候，听《美丽的磨坊姑娘》；冬天的时候，听《冬之旅》。一个人开车的时候我还会跟着一起唱，我甚至会被自己的歌声感动，继而流下眼泪。更夸张的是，有时我必须把车停下来，因为我那沸腾翻滚的胸膛久久难以平复。我开始为自己的真情流露感到非常骄傲。因为比我聪明的教授有很多，但是像我这样真情流露的教授，却并不多见。

每当因为压力而感到疲惫的时候，我就会安静地坐在房间的角落里听舒伯特的音乐；当和老婆闹别扭时，我也会听舒伯特的音乐。将现在的不开心，与20年前在柏林的悲惨孤独相比，就会感觉不那么悲伤难过了，反而还会对老婆的不离不弃心存感激。

对我来说，舒伯特的音乐就是我的免疫系统。为了维持这种"存在感"，我必须将"我"和"非我"区分开来。就像为了维持一个细胞，只有将细胞的"内"与"外"区分开来，才能维持细胞内部的恒定性一样，人类也要将自身的"内"与"外"区分开来。

细胞能将自身的"内"与"外"区分开来，依赖的就是免疫系统。而舒伯特的音乐对我来说也像免疫系统一样，阻挡"非我"的侵入，维持我内部的恒定性。它时刻提醒着我，平生第一次为"我是谁"而苦恼时走过的柏林夜路。

免疫系统受损的话，就无法区分出"我"与"非我"。即使现如今医学那么发达，仍无法根治各种癌症、艾滋病以及白血病等不治之症，其原因就在于无法区分人体的细胞中，哪些部分是其本身附带的，而哪些部分是外来侵入变异的。

在越忙、越焦头烂额的时候，越需要确认自己是谁。当然，不是指要得到某公司部长、社长，或者教授之类被社会认可的身份。因为这些都是与本质不相关的东西。

试想想，你能当多久的社长，我又能当多久的教授？撇除掉那些虚无的身份，我只是这样一个人：会跟着舒伯特的音乐随意哼唱，并被自己的歌声感动得流下眼泪；会为老婆的关心稍微减弱而落寞伤感；会对随风飘舞的百褶裙心潮澎湃……但这，才是真实的我！

当女人离开男人后

我年轻时的岁月，几乎都充斥着与女人有关的回忆。那时我所有的悲伤都来自女人，当然，她们也是我所有愉快和想象力的缪斯。那时，我把《世界文学全集》里的女主人公形象都安放在与我年纪差不多的女同学身上，然后大胆地向她们表达我的爱慕，并死缠烂打地追求她们。但是现实与想象总是存在很大差距，在我的幻想中萌发的爱情往往持续不到几个月就夭折了。

有一个钢琴专业的女孩，曾把她那特别小巧的手伸给我看。那时，她怀抱着 100 朵玫瑰花出现在我的面前。大学一年级的时候，我出演了一个只有两句台词的"精神病患者 3 号"，当时送给我鲜花的人，只有这个女孩。她为此用光身上所有的钱，包括公交车费。之后她让我送她回家。这是我生平收到的第一个美丽"诱惑"，我至今想起来还会心跳加速。我们坐在公交车的最后一排，然后我生平第一次牵了女孩的手。那女孩曾为自己那够不到琴键第八音的小手而感到绝望。而且她的手，冰冷得就像石膏像一样。

还有另外一个女孩，头发随风飘起时格外漂亮。对我来说，她就像《凯旋门》中那个喝着苹果白兰地的女人。我不太擅长喝酒，却总是劝她喝烧酒，为的就是代替我想象中的白兰地。但每次最后都是我喝醉，那女孩便扔下我独自先走

了。现在看到洗发水广告的时候，我还会想起她。因为这个女孩和广告里拥有长直发的广告女郎都喜欢用一样的转头方式。

我还认识一个服装设计系的女孩，她的额头特别漂亮，因此被我称为"简·爱"。我有时会在深夜给她打电话，然后与她就民族矛盾和阶级矛盾的差异展开激烈辩论。因为我想要报复她加入读书俱乐部，那种完全以联谊为目的的组织。我实在无法容忍她一边读着爱情小说，一边与那些出格的家伙嬉笑打闹。那时，真的没有一个女生能够配得上我那浪漫的幻想。只要我稍微对她们表示出一点关心，她们就马上烦得我要发疯。

噢，对了，还有"白雪公主"！当时我就读的高丽大学几乎没有女生，即使有，大部分也只是"名字"是女生，因为我们学校的女生大都很男性化。不过，偶尔也有例外。但是，最后都会被同化得像男生一样。所以，她们称呼男学长的时候，也会叫"哥"（在韩国，男生之间用的"哥"和女生用的不一样，此处的"哥"为男性之间的称呼。——译者注）。

但是，"白雪公主"完全不同。我们高丽大学竟然会有这么漂亮的女生，简直太不可思议了！教室的最前排，"白雪公主"被她的"七个小矮人"包围着，发出明朗欢快的笑声。我呢，是她的"第八个小矮人"。我坐在教室的后排，用她帮我复印的笔记复习准备考试，心里充满幸福。当时我曾下定决心，如果她吃了有毒的苹果，我一定会第一个跑过去吻她。但是我只不过是"第八个小矮人"而已，我知道那机会绝不会轮到我。而且，我还知道，只有一个小矮人能够有幸亲吻到白雪公主，一旦白雪公主被救活，从此就再也不会得那种"恶毒"的病了，那么也将意味着我们其他的小矮人们今生再无机会陪伴她了。

有一年夏天，我下决心要报复那些曾经抛弃过我的女人。整个暑假，我始终都在听巴赫最难的音乐，并且读最难的书。由于出汗太多，我的皮肤甚至粘在了地板上糊的炕油纸上，电风扇也变成了一个只是源源不断制造热风的机器。我就这样痛苦艰难地度过了那个夏天，我相信，我会让那些女人为抛弃我而感到后悔的。

我从头到尾听了一遍巴赫的《钢琴平均率》。真是越听越来劲，越听越疯狂。

到底是谁演奏出了这样的音乐？让人听了还想听，欲罢不能。我去买相传最难的黑格尔《精神现象学》时，看到旁边有一本看起来似乎更难的书，是尼科斯·卡赞扎基（Nikos Kazantzakis，*希腊作家。——译者注*）的《希腊人左巴》（又译作《希腊奇人佐尔巴》）。当时我认为，作者名字的发音就已经够难的了，书的内容肯定更难。于是我下决心，要读完这本书，要使自己变得更加痛苦。但是，就在那个夏天，我通过这本书，生平第一次从对女人的纠结中得到解脱，变得自由。

这本书，讲述了和我一样缩手缩脚的主人公尼科斯·卡赞扎基与左巴一起经历"蜕变"的故事。在他们共同从事的事业濒临危险边缘的那一瞬间，左巴的舞蹈给了主人公一种快乐的冲击。而左巴的自由也给了我相当大的冲击，让我明白除了女人以外，这世上还存在很多更重要的东西。于是我一边读这本书，一边模仿着左巴的口气自言自语：

"女人这东西，都让老鼠叼走吧。"

因为"手指会妨碍制作瓷器的旋转台转动"，于是左巴把他自己的手指切掉了。左巴还用"谁要是使自己所爱的女人流泪，谁就应该掉进地狱"的话威胁过主人公尼科斯·卡赞扎基。左巴还有诸如"想要自由，就要勇敢爆发"的名言。当时，左巴的这些荒唐自由论成了我摆脱女人的救兵。所以，我把左巴的话在日记本上抄了一遍又一遍。

"我什么都不指望。我也什么都不害怕。我是自由的！"

就这样伴随着这些话，我走过了懵懂的青春岁月。

现在，任何一个女人都不能使我这个快 50 岁的老男人悲伤难过了。当我对未来感到绝望时，老婆那粗壮的手臂，就是我停靠的港湾。但是，随着时间的流逝，我对很多女人以外的事物产生了欲望。这让我自己都觉得害怕。拥有的东西越多，站得越高，我就越感到不安。我觉得自己需要重新再读一次《希腊人左巴》。

男人们常常会感到不安。男人们对民主与正义之类的东西所产生的愤怒，其本质究竟是什么？就是不安！

因为再也没有人相信男人们了。最近刮起的"妈妈旋风"就是证据。环顾四周看一看，几乎哪里都在宣扬妈妈的故事。例如申京淑的小说《拜托妈妈》，根本不用担心它会从畅销书榜上掉下来。而讲述为子女进行殊死搏斗的电影《妈妈》也问世了。记者们抓住了人人都想看与妈妈有关的新闻报道这一点，不断用这类新闻来吸引大众的眼球。关于妈妈的纪录片，更是让很多人感动得彻夜流泪。很多专家纷纷站出来分析说这种现象是"经济困难造成的"。也就是说，因为生活困难，人们出现了"母性回归"的现象。真的是这样吗？当然不是！

仅仅在 10 年前，我们的社会都还不是这样。当时因为 1997 年亚洲金融危机，全国人民都过得比现在更困难、更吃力。可是那时的人们都找"爸爸"。当时，金正贤的小说《父亲》获得了最佳畅销书。而描写父亲的小说《多刺鱼》也使很多人不由自主地流泪。由于经济困难，人们都意识到了父亲的牺牲，纷纷回家帮父亲按摩下垂的肩膀，慰劳父亲。可是仅仅 10 年，世界就完全变了样子。因为在这 10 年间，人们经历了一个世纪的更替。如今，那些曾在 20 世纪存在过的父亲形象都已消失殆尽。所以 21 世纪经济危机中人们都开始找"妈妈"。

20 世纪的丈夫们，可以从把工资交给老婆这件事中得到存在感。那时，丈夫们是一定要把工资上缴给老婆的。就像原始社会里，丈夫会扛着血淋淋的猎物回来，把它们"霍"地一下扔在等待自己的妻儿面前时所获得的那种满足感一样，当丈夫把工资交给老婆，他们会感到满足和充实。但是当时还是一个男人们可以靠"力气"创造出价值的时代。那时的社会，有个名字叫"产业社会"。但来到 21 世纪，一切都不一样了。

家庭中，父亲的存在变得不再那么重要了。因为需要用到"力气"的机会少了，所以"父亲"似乎成了上个年代的遗留产物。父亲在对子女的教育上也不再有任何重要影响。贤明能干的老婆们现在可以独自带子女远赴海外，精心培养。而"被抛弃"的父亲们则成了"大雁爸爸"（大雁爸爸指为了供妻子陪子女出国留学，丈夫独自留在国内挣钱的韩国家庭现象。——译者注）。

"大雁爸爸"们有一个共同特征，就是会经常小声地自言自语。我的朋友梓林君也这样。梓林君毕业于全国最高等学府，现在已经是国内一家首屈一指的大型银行的支行长，也是我所有朋友中性格最绅士，外表最帅的人。而且他的能力在公司里也被广泛的认可，经常被领导委以重任。

但是朋友见面，热火朝天地聊天的时候，他却总是沉默寡言。不过由始至终他都会在小声地自言自语。一旦喝了酒，他的嘴里就全是他那在美国的孩子和老婆的事情。偶尔还会因为太过想念而一个劲地抽噎。梓林君说，有时即使只有他一个人，他也会不停地自言自语。甚至煮方便面的时候也会一边煮一边说"现在放汤，打鸡蛋……"他说偶尔发现自己自言自语时连自己都会被吓一大跳。

其实自言自语也意味着在对某个人讲话，只不过没有听众罢了。无论是谁，偶尔都会有类似的行为。尤其是生活艰辛，感觉很难的时候，人人都可能会这样。

这在心理学中被称为"自我中心式的语言（egocentric speech）"。例如：

被问到"2 加 3 等于几"时，所有人都会马上回答"5"。但是如果问"29乘以 8 呢"，人们马上就会开始自言自语。

"八九七十二，二八一十六……"呵呵。我就经常这个样子，似乎是在对心里面另一个"我"讲话。

遇到简单的问题时，人们一般不会自言自语。"大雁爸爸"们开始出现自言自语的现象，就是因为他们感到疲惫和不安。

因为过着"被省略过程"的生活，所以心里会充满不安。事实上过程比结果更重要，但是韩国的男人们却经常忘记这个事实。并且他们还喜欢互相比较结果。就像在卫生间里一个劲儿地斜瞟旁边男人的那个"地方"，然后自己就会感到自卑一样，他们总是将他人的社会地位、薪水之类的东西拿来与自己比较，然后再不停地把自己缩起来。他们对应该如何度过今天这个"过程"丝毫不关心，而只会想过今天会得到什么样的"结果"。其实"熟能生巧"这个说法是有道理的。那个"地方"也如此，只有你经常去用，它才会变大、变硬，忽略掉过程，只是在撒尿的时候去和别人比较大小，这样的生活怎么会有满足感呢？

男人们这种只重视结果的态度，即使在与家人一起出去玩的时候也会明显

地表现出来。对于男人来说，怎样快速到达目的地才是最重要的。他们会把快点到达，快点吃饭，然后快点返回，放在第一位。对于男人而言，所谓旅行，只是到达目的地后吃饭的那段时间。准备过程是不包括在内的。

但是对女人来说，旅行从准备的时候就已经开始了。选择目的地，逛街买旅行时穿的衣服等，都是旅行的一部分。花在路途上的时间也是，所以老婆们会准备在车内与孩子们一起吃的点心、水果和咖啡。到了高速公路服务区，也一定要进去买冰激凌和点心。她们觉得这些都是旅行中绝对不能落掉的一部分。

如果无法享受过程，那么很容易就会感到不安。因为他们总是将他人已经完成的结果，与自己尚未成熟的结果进行比较。这就是韩国的男人们感到不安的理由。而且他们也从来不学习如何享受过程。但是现在的社会里，无论你怎么努力，结果都不会特别明显。何况这个结果一出来，你可能马上又要开始算计另一个结果了，哪里还会注意到前一个呢？所以这种"只在乎结果的生活"注定让你毫无乐趣可言。

"注重过程的生活"被哈佛大学心理学系的埃伦·兰格（Ellen Langer）教授定义为"mindfulness"。翻译为"心理准备"，但是我觉得翻译成"精力集中"更加贴切。与此相反的"只在乎结果的生活"被定义为"mindlessness"。翻译成"不用心"或"不在乎"，也就是精力不集中的意思。

只重视结果而省略过程的生活方式，就意味着漫不经心、不集中精力的生活态度。但如果现在就可以将自己未来几十年的生活一眼看穿，那么未免也太没意思了。

"希腊人左巴"教给我们的自由，就是怎样摆脱这种只在乎结果的生活。当然，人都应该有生活目标，但是向那个目标前进的"旅程"也跟目标本身一样重要。希望大家不要忘记这点。

"不要漫不经心地对待你自己的生活！"

这就是"希腊人左巴"给出的忠告。

柏林万湖（Wannsee）冰面上的树桩

　　舒伯特的《冬之旅》就像这里一样。一个人哭着走过冰冻的湖面，哭着哭着他停了下来，站住，在冰面上镌刻下自己深深爱恋着的女人的名字。然后，又继续边哭边唱了起来："我眼中的泪水，滴滴洒在雪地上……雪花啊，你懂得我的渴望，告诉我你要去的方向！还是随着我的泪水，顺着小溪流淌。它会带你经过村庄，穿过喧闹的街道。要是觉得泪水发烫，就是到了她的屋旁。"（这个家伙真是太爱哭了。）那时，我也曾在这湖边边走边哭。我应该像这世上所有不被确认存在的事物一样，永远没有悲伤。**（引文来自《冬之旅》之《洪水》。——译者注）**

退休丈夫症候群

"金教授，我最近生活得特别郁闷。"一位退休了的某大企业前社长先生闷闷不乐地对我说。

"噢？那是为什么啊？"

难道是因为以前是大企业社长，忙碌惯了，所以很难接受现在平淡的生活吗？这位先生是一个工作非常努力的人，过去他常年在海外分公司和各地工厂间奔波，许多重要的时光都没能与家人一起度过。

退休的那天，他忽然想起了自己的老婆。现如今儿子们都非常优秀，并且都已经建立了自己的小家庭，幸福地生活着。这让他十分欣慰。这一切都是拜谁所赐呢？答案很明显，这一切通通都是老婆的功劳！他如梦初醒。这么晚才醒悟过来，察觉到老婆为家庭作的贡献，这让他感到很愧对老婆。于是他默默下了一个决心。

"我从现在开始要把老婆当做生活的中心！"

退休以后，他每天都为与老婆一起欢度愉快时光而努力。逛百货商店时，他站在一旁为老婆拎包，耐心地等候；带老婆去格调幽雅的高档西餐厅共进晚餐；还带老婆参加海外高尔夫旅行和豪华油轮旅行。到了周末，甚至还陪着老婆去教会做礼拜，哪怕坐在椅子上困得直打盹儿也毫无怨言。对他来说，与老婆一起共度的时光再也不像过去那样好像是例行公事一样。慢慢地他开始对老婆的存在感到愉快和感激。他切身感受到老婆就是自己剩下的生命里的唯一。而老婆面对他的改变，看起来似乎也很愉快。

但是，3个月后，有一天在早餐的饭桌上，老婆却颇为严肃地对他说：

"老公，你能不能也偶尔自己出去玩一玩啊？！"

我想这种感觉对于大家而言并不陌生吧？我们都理所当然地认为，努力工作,功成名就,那么退休之后就可以回归家庭重新享受那份天伦之乐。其实不然。因为生活不是喊两句"我要变得幸福"就真能变得幸福。虽然身体在一起生活,但却从来没有共度过开心时光的夫妻,怎么会突然因为"在一起"就变得幸福了呢? 现在,离婚已经不仅仅是年轻夫妻的问题,"黄昏离婚"似乎已经成为更大的趋势。人们把一起生活时应该做的事情都做完了,最后便选择离婚。

"黄昏离婚"现象最严重的国家是日本。但是在2005~2006年间日本的"黄昏离婚"率突然急剧下降,这让专门潜心研究"黄昏离婚"对策的研究人员感到很高兴,他们以为是自己制订的各种对策终于有了成效。但是那只是他们的错觉。2007年4月以后,"黄昏离婚"率突然又急增。这是因为新的"退休金分割制度"开始施行。根据这项制度,离婚后的妻子仍可继续享受前夫的退休金。而这项规定妻子最多可以得到前夫50%退休金的制度,是在2005年左右被提出的,所以那时想离婚的妻子们不得不忍着,一再将离婚的日程向后推。当2007年这项制度被确定实行,她们便第一时间开始着手办理离婚手续。这就是为什么会出现之前的反常现象。

丈夫哪怕只是碰碰她们的衣服,她们就说会起麻疹;丈夫只要在家,她们就会消化不良。在日本这种现象被称为"退休丈夫症候群"(Retired Husband Syndrome)。据说日本有60%的女性都饱受这种"症候群"的折磨。听到这个事实,那些即将退休的日本男人真是不寒而栗啊。他们甚至还成立了诸如"全国献身丈夫协会"这样的团体,专门制订如何能长时间留在妻子身边的战略。

他们的口号是,"不能战胜老婆,不去战胜老婆,也不想战胜老婆"。

这样的丈夫,在日本被妻子们称为"ぬらい落ち葉",翻译为"浸湿的落叶"。意思是丈夫们总是黏着自己,很不容易摆脱,就像湿了的落叶粘在地上一样,怎么扫都扫不起来。

虽然我离退休为时尚早,但是我也慢慢地开始害怕起老婆来。曾经有一部人气非常高的不记得名为《妈妈疯了》还是《妈妈发怒了》,由金秀贤主演的周末电视剧。老婆每到周末都要观看,雷打不动。我每次只要看到专注的老婆,都会感到非常不自在。这个节目让我备受煎熬,因为这个电视剧聚集了一群主

妇，讲的就是她们生活中的事、她们的想法、她们的不满。虽然老婆也认为电视剧的主人公金慧子是真的"疯了"，并且还在我面前露出厌恶这个人的表情，但是她心里究竟怎么想的，我怎么会知道？说不定实际上她已经在心里产生共鸣了呢！要不然怎么会每周都那么认真地看这个电视剧？

我的母亲最近也经常"虐待"我的父亲。父亲特别喜欢母亲亲手做的饭菜，但是母亲却偏偏不给他做。而且绝对是故意的。直到现在，母亲还总是反复念叨"当初猪油蒙了心才会嫁给这个一穷二白的男人，因此一辈子吃尽了苦头"。甚至每次讲到已经去世很久的婆婆如何给她气受，以及小姑子们的种种可恶行径，她老人家还总是会潸然泪下。

乍一听还真觉得她老人家真是吃了很多苦。现在她那小叔子还经常给她惹麻烦呢。但是母亲两个儿媳妇如今眼看都奔50了，还有一个女婿也十分了不起，孙辈大大小小，一共有7个。即使家庭已经发展得如此枝繁叶茂，但只要一聚会，母亲还是会一遍又一遍地重复她嫁到山沟里受尽苦难的故事。

通常母亲讲完这些故事过后，紧接着就开始她对父亲愤愤不平的抱怨。从固执的、近乎洁癖的性格，到袜子随处乱丢，说起来没完没了。甚至给父亲熨裤子的时候，都会一边熨一边挖苦父亲。

我父亲今年已经80高龄了。除了耳朵有些背，需要戴助听器以外，身子骨还算硬朗。看起来，再健康地活20年完全没有问题。他现在对母亲那套控诉已经完全免疫了，不想听的时候，干脆就悄悄地把助听器拿下来，专心看书。

以前，他还会说："哎呀，不要再说了！"但是现在，干脆没反应了。现在父亲在外面仍然保持腰板挺直，看起来就是个刚60的、精神的老头。可是在家里，他却只能可怜地、安静地待着。想起来真让人心疼。连面对母亲的无理指责，也只能一笑了之。

在我看来，像我父亲这样单方面忍受母亲是不行的。我小的时候，那像参天大树一样伟岸的父亲，现在却如此轻易就在母亲面前缴械投降，乖乖就范。那些本不该独自承受的事情，却都要无力地默默忍受。这令我现在完全站在父亲这边。虽然年轻的时候，我与父亲之间也有分歧与矛盾，但是现在我无条件地站在了父亲的阵营里。这并不仅仅是出于对父亲的怜悯，还因为我很害怕将来要走父亲的老路，单方面地忍受老婆。现在每次看到老婆聚精会神观看《妈妈疯了》的样子，我都感到后背发凉，并且一再提醒自己千万不能掉以轻心。

我想，这不仅是我父亲一个人的问题。在韩国这片土地上，大部分男人后半生都会是这种模式。不过，母亲对父亲仍有些许的爱情和怜悯，所以我们也大可以把她每次的嘟囔视为撒娇的行为。那些直接拿出离婚协议，笑眯眯、和蔼可亲地说"退休金我们一人一半"的日本老太太们，才真是让人不寒而栗。到底为什么男人的晚年是这个样子？到底是哪个环节出了问题？

可以肯定的是，这绝不是女人们的问题。而是一辈子都把自身的存在价值寄托于社会地位上的男人们自己的问题。这些男人可悲之处就在于搞错了方式。从未在与老婆或家庭的关系中找到过存在感的男人们，一旦丧失了社会地位，就相当于被判了死刑。这时再试图在与老婆的关系中确认自己的存在，老婆们当然会感到荒唐、不知所措了。几十年来，老婆们已经完全适应了丈夫不参与日常生活的模式，但是这生活模式却被退休后的丈夫硬挤了进来，并完全打破，换做你我也会感到难以承受和厌烦。

大多数韩国男人都无法靠自身得到存在感，他们总是需要依靠别的人或事。因此一旦那个惯有被倚赖的对象消失了的话，他们就会陷入深深的不安当中。所以说没有比用社会地位来得到存在感更愚蠢的事情了。

听说李明博总统身陷"疯牛病"困境时曾送给身边每人一本关于丘吉尔的书。大概对于李明博总统还有大多数人来说，丘吉尔是那种具有不屈不挠的斗志，可以跨越一个又一个逆境的英雄。但是我想说，更多人并不知道，丘吉尔十分顽固执拗。事实上，从人格上讲，丘吉尔可能并没有大家想象中那么伟大优秀。他经常只要有一点成绩，就沾沾自喜、兴奋不已，并摆出所有的功劳都归他一人的、自以为是的架势。而另一方面，只要有一点没有处理好的事情，他就会马上垮掉、灰心沮丧。这些反复的忧郁症症状，使他周围的每一个人都很疲惫、充满负担。他还经常哭。只要事情没有按照他设定的方向发展，他就会把自己锁在房间里，终日以泪洗面。

与他亲近的人无一不认为他是一个很麻烦的人。甚至替他工作了一辈子的女秘书都这么说："第二次世界大战的时候，我们并不是在与希特勒打仗，而是在与丘吉尔打仗。"

不仅女秘书无法忍受他的性格，就连他的老婆也曾因根本无法摸准他的性格而情绪失控。丘吉尔的老婆和一位英国绅士是情人关系，那位英国绅士性格温暖而亲切。这在当时几乎是公开的秘密。但既然丘吉尔有着那么多致命缺点，到底又是什么使他成为那么伟大的世纪英雄人物呢？

这是因为他确认自身存在时所使用的"技术"与别人完全不同。丘吉尔在二十多岁的时候就当上了国会议员，三十多岁成为将军。并且在几十年的在野生涯中卧薪尝胆，攒足了一身的雄心壮志。但重要的是，他一早就明白到用社会地位来确认自身的存在，是一件非常危险的事情。所以当他疲惫的时候，他便画画。当他得知，老婆借口休息独自去参加豪华游轮旅行，只是为了与那个温柔帅气的情人幽会时，他也选择继续画画。

丘吉尔用画画来寻找存在感。所以对他来说，即使社会地位消失，被所深爱的老婆背叛，起码他还拥有最后可以确认自己的存在的方式——画画。

对,就应该这样！**每个人都应该通过做自己的事来寻得存在感。**只有这样，自身的存在感才真正掌握在自己手中。正是因为丘吉尔的泰然自若，他的老婆才会面对风言风语而不顾，仍然选择留在他的身边直到最后。所以只要自身的存在能够得以确认，所有社会性的地位，乃至身外的一切都可以被当做锦上添花。丘吉尔之所以伟大，全是画画的功劳。

另外，丘吉尔也教会我们如何优雅地老去。那就是创立属于自己的风格。他不论什么时候，都穿着自己设计的衣服。那些看起来有些土气的军装式衣服都是出自他自己的设计。代表胜利意思的"V"字手势也是他发明的，至今我们都还使用。连他那叼着雪茄的经典形象，也是他精心设计出来的POSE。

我在读有关丘吉尔的资料时，越读越感到安慰，因为我这麻烦的性格并没有比他好多少。我也想像丘吉尔那样创立一种只属于我自己的风格。我也要穿可以展示个人风格的独特服装，代替千篇一律的西装。

当我为找出可替代西装的正式服装而发愁的时候，德国音乐家穿的那种舞台服装浮现在我眼前。像丘吉尔画画一样，我确认自己存在的方式就是听德国音乐。正如前面所说，我那凄惨孤独的留德生活，就是靠听德国音乐度过的。那时看到德国音乐家穿那种带有中国领样式的服装，感觉真是既简单，又不失品位。于是我去小区的洋服裁缝店，定做了一套差不多的衣服。可是，没想到竟然做出了一套校服！可即使这样，我也仍然每天都穿着这套衣服上班。因为穿上这件衣服，就让我感觉自己好像变成了演唱舒伯特歌曲的音乐家。

每次遇到别人问我"为什么穿校服上班"的时候都让我特别尴尬。可不管怎样，每次出席公事场合，我仍然穿这套衣服。因为我的存在不是依靠"教授"的地位来确认，而是依靠我喜欢的舒伯特音乐来确认。我想只有具备这样自娱自乐的能力，以后才不至成为老婆的负担。这样不是挺好吗？

谁都不知道这件事

在我们家小区的后山，有一眼我和两个儿子意外发现的泉水。两年前的中秋节，饭后我带着两个儿子一起上山散步。走着走着，小儿子发现了它。最初泉水只是像小鸡撒尿那样稀稀拉拉地流出来，等我们把地挖开，刨出一条小水沟后，泉水就猛地一下开始往外涌。第二年的三月，初春的一天，天气相当暖和，儿子们在学校上课，我一个人独自上了山。我惊喜地发现，泉水里竟然有蜥蜴偷偷下的蛋。泉水从地下潺潺流淌出来，嫩绿的新芽也从地里拱出来……可是，真的很奇怪。明明我是想趁儿子们不在的时候一个人来泉边坐坐，可是却总是想起那两个还在上课的家伙。于是，我三步并作两步快速下了山，心里有种说不出来的失落……这两个家伙将来要是去服兵役可怎么办？我现在就开始发愁了。

我家后山有一眼"兄弟泉"

我家有一间地下室。在那里，孩子们即使通宵弹钢琴，也没有人会说三道四。而我，每当开始"伤春悲秋"的时候也会在地下室里拧开舒伯特的音乐，然后放开喉咙大声跟着唱。有时，还会把勃拉姆斯的交响乐放得震耳欲聋，然后坐在音乐中发呆。虽然我用的仍然是那种功率落后的老式真空管音响，但是传到地板上的低音效果也绝不是闹着玩儿的。

在昏暗的地下室里，点上一盏小小的白炽灯，然后一个人坐在窗边看着窗外。老婆每次看到这样的我都觉得特不顺眼，"到底这家伙一个月有几次生理期啊！难道已经提前进入更年期了吗？"

没错，男人到了一定年纪，也会有更年期！不过这是心灵的更年期！

我老婆不光身体强健，心理更是强健。她不会受任何季节影响，就好像生活在只有夏天的东南亚一样。虽然偶尔也会有季风和雷阵雨，但都只是暂时的。只要避开那一阵就可以，反正很快就会停下来。

可是我却在每次季节变换的时候变得忧郁，觉得人生没有意义，明明没有食欲，却又天天追着老婆要美味的晚餐。我想无论是谁要应付我都会觉得头疼。唉，我这人就是对季节特别敏感。

我曾与号称"天下第一壮士"的李万基（韩国摔跤选手。——译者注）先生一起喝过咖啡。李万基先生也和我一样，他说自己到了秋天就非要闻到烧落叶的味道不可。有时甚至会特意开车去寻找烧稻秆的地方。如果不这样做的话，就肯定会对老婆发些无名火。连他那种可以扳动世界的"天下第一壮士"都这样，我这种谨小慎微、敏感异常的人又怎么能对季节变化无动于衷呢？

这个有点跑题了。反正不管怎么说，在我们家可以不用看别人脸色随意听音乐，孩子们可以咕咚咕咚随便跑，总之一句话，就是感觉比较爽。

　　秋高气爽的时候，还会有非常漂亮的鸟飞来，落在窗外的木瓜树上。房子后面的小山丘上，也经常有野鸡前来光顾。有时听到扑棱棱的声音，出去一看，才发现野鸡们早已带着鸡宝宝跑到山顶去了。

　　我们家不是那种远郊的田园式住宅，只是普通的位于山脚下的房子。来过我家的人都特羡慕我们。甚至他们也想卖了首尔那套 30 坪的房子，然后来过像我们这样的生活。那神情，好像马上就要搬来似的。可是，到目前为止，没有一个人真的那样做。

　　因为他们没有信心能够克服这里的诸多生活不便。且不说别的，光是孩子们上学、放学就是一个问题。每天早晨我们夫妻都得轮流送孩子们上学。每次当我早上的演讲与老婆的第一堂课发生冲突时，情况就会变得特别麻烦。不得不出动小舅子，或是老丈人。晚上，大儿子去参加补习班的时候也是如此，每次都得我们送去接回。

　　这附近也没有什么像样的购物中心。但是我却从来都没有想过要搬家。每月班常会（韩国每月一次的邻里例会。——译者注）的时候，邻居们最担心的就是房价一点没涨，不适合投资。但就像广告说的那样，家是"住的地方"，不是"投资的地方"。如果我打算继续在这里生活下去的话，那么房价无论上涨多少都与我无关，就是这个理儿。

　　最近，我对我们这个家的爱又多了一点。因为在这儿我与孩子们一起做了一件在别的任何地方都做不了的特别的事。

　　距离我家两个小时路程有一条登山小路。其实说"登山"稍微有点夸张。但说是"散步"的话，走完又会出一身汗。路两旁的树林相当茂密幽深，除去秋天来这里采蘑菇的人，几乎可以说是人迹罕至。

　　几年前的一个中秋节，我和孩子们一起来到后山。那天由于吃了很多油腻的食物，感觉不太消化，于是我就约他们一起出去溜达。孩子们很高兴，老婆也装上豆馅糯米饺子和梨跟着我们一起来了。

　　当我们沿着低矮的山脊下山时，小儿子在路上发现了潺潺的流水，非常非常小。他马上就朝我们大喊"我发现泉水了"，让大家都过去看。其实那只是有点像泉水，从地下缓缓地冒出来。

　　我们大家干脆坐在它旁边休息一会儿，妻子顺便把带来的梨削给我们吃了。孩子们开始用树枝挖那个涌出水的地方。就好像发现好玩的玩具一样，他们都兴致勃勃。他们用手把出水口挖大，说要挖成一眼严格意义上的泉，然后真的就在那扒拉了很久。果然，开始有大量的泉水涌了出来。我和他们约定下一次再正式来"建造"这眼泉，然后一家人便下山回家了。

　　几天后，我和孩子们再一次来到山上。这次的装备齐全了。上高中的大儿子在背包里装上了修整园子用的小石子，还有砖头。我拿了把铁锹。小儿子则做了一个写着"兄弟矿泉"的小木牌。这次，我们要开始正式"建造"矿泉井了。

　　为了保持水的清澈，我们在洞眼上面铺上了小石子。小儿子一直在那儿挖水沟，虽然作用不大，但是他仍气喘吁吁地卖力干着。把周边都整理了一遍之后，我们把那个"兄弟矿泉"的小木牌挂了上去。

　　现在，来看"兄弟矿泉"已经成为我们家的定期活动了。小木牌上面的字迹已经开始褪色，而且泉水也常常会干枯。但是即使是一眼如此不起眼的小泉水，也让我们全家都感觉非常愉快。因为这样可以让我们确实感受到一家人幸福地生活在一起。

　　逐渐地，这眼"兄弟矿泉"对我们家来说就意味着幸福与感激。每次去看矿泉的时候妻子都会带上削好的水果，还用保温瓶装上咖啡和热巧克力。上山的路上，我不停地嘱咐着孩子们，"以后你们结婚生了孩子的话，一定要把爷爷的故事讲给他们听，和他们一起上来啊。"

　　来看"兄弟矿泉"这件事已经成为我们家新近发现的幸福"惯例"。"惯例"可以带来幸福和乐趣，因为通过"惯例"性意识，人们可以互相模仿彼此的情绪，当然主要是愉快的情绪啦。我小的时候，每次全家人很开心时，我就会不自觉地模仿父亲的口气。甚至连表情都一模一样，我自己都没有察觉到。

　　所以说所有乐趣都是从模仿开始的。幼儿和妈妈做的第一个游戏就是模仿。孩子模仿妈妈的表情，妈妈模仿孩子的表情。通常人们认为，主要是孩子模仿妈妈，但是事实上，妈妈模仿孩子似乎更多一些。在妈妈不断模仿孩子表

情动作的过程中，孩子能模模糊糊地感到他人与自己做一样的表情和动作，并且拥有相同的感觉。一旦孩子明白"我与他人可以感受到相同的情绪"，他就开始产生人类的自我意识了。

比较有代表性的就是"挠痒痒"游戏。只有当人能够区分开"我"和他人时，才会感觉到痒痒。所以"我"不论怎样挠自己痒痒都不会有感觉，相反，自己以外的其他人挠自己马上就会感觉到痒。即只有当意识到"我"和他人是不同的存在体时，这个挠痒痒游戏才能进行下去。

因此，"挠痒痒"游戏是测定孩子自我意识发达与否的最准确测量工具。妈妈和孩子可以体验到相同的情绪感受，并且完美地创造出"我们"的含义。人类的"沟通"就是从这种方式开始的。通过彼此共有的东西，做到真正地理解对方。

经过了"挠痒痒"游戏阶段，就可以进行"GAGOONG 游戏"（GAGOONG 是韩国人逗小孩时发出的一种声音。——译者注）了。孩子们认为只有自己看到的事物才是真实存在的。当玩具被别的东西挡住了，他们就会认为这个玩具已经从世上消失了。也就是说，如果你把他们的眼睛遮上，那么他们就会认为连自己都不存在了。"GAGOONG 游戏"正是为了使他们克服这种认知上的局限而研究出来的一种游戏。而且"GAGOONG 游戏"在各种语言中叫法不同，但确实是唯一一种全世界所有人种都共同拥有的游戏。

这种"GAGOONG 游戏"的实质也是模仿。妈妈模仿孩子眼睛看到的事物，然后做出来。孩子最初接触"GAGOONG 游戏"的时候，会因为看到妈妈暂时消失而大哭。但是重复几次这个游戏之后，孩子就会逐渐明白妈妈不是真的消失了。他们从中可以明白眼睛看不到的东西，并不代表就是不存在。皮亚杰（Jean Piaget，瑞士心理学家，发生认识论创始人。——译者注）将此定义为"客体永存性"（object permanence）。

不知从什么时候开始，孩子可以自己拿着玩具玩了，这时玩具作为妈妈和孩子之间相互作用的辅助功能就此宣告结束。但是，从这时起玩具本身将独立成为孩子关心的对象。到底孩子们为什么都那么喜欢玩具呢？原因很简单！就是因为所有玩具都在模仿客体世界。从娃娃、小汽车，到电脑游戏，所有的游戏实质都是模仿。

人类的想象力也是从模仿出发的。没有人能够将自己活着的时候没有看过或听过的东西想象出来。将自己在某个地方看到过的东西模仿出来，这就是游戏在心理学层面的本质。亚里士多德认为，这样模仿并从中感受乐趣是人类的一种本能。另外，亚里士多德还认为人类文明的起源，不过是对自然界的模仿而已，并将这种现象命名为"Mimesis"（模仿）。这就是他的美学中最核心的部分。

我们一家人去后山的矿泉时，彼此之间也在模仿。就像我模仿我父亲一样，我的儿子们将来也会在他们的孩子面前模仿我。

所以，儿子像父亲，儿子的儿子也会像他父亲……世上所有的家族都会因此而拥有共同的快乐和悲伤。

所以当人背井离乡的时候，会控制不住地想念家人。想得心都会疼……

第 **3** 章

到底为什么越活越没劲

나는 아내와의 결혼을
후 회 한 다

可这到底是为了什么呢？
嘴角向下撇，撇下的不仅仅是嘴角，还有幸福
早起的鸟儿真的有虫吃吗
人绝对不会被改变
人生没有乐趣？用"透视"试试吧
男人们每到周末就向高尔夫球场出逃

可这到底是为了什么呢？

《简·爱》每当夜黑风高就会到暴风肆虐的小山丘上徘徊。然后抓回别人的孩子，并在小孩的手臂上面刻上《红字》。暗恋着她的有妇之夫《德米安》因为受不了这样的打击，最终选择了自杀。他的妻子德米安夫人独自一人去位于《窄门》和《凯旋门》之间的酒馆买醉，不过她只喝苹果白兰地。躲藏在这里的《卡拉玛佐夫兄弟》被从门缝中射进来的阳光照得睁不开眼睛，他们杀了人后就马上变成虫子了。

这段文字看起来没头没尾、滑稽可笑。但的确是我记忆中的《世界文学全集》的内容，我当时记的就是这么杂乱无章。

这一章是关于《世界文学全集》的故事。

我读中学时，常常因为读小说而迟到。那时我还喜欢写诗，经常参加学校的比赛。父亲为了我这个爱好文学的儿子，分期付款买了一套《世界文学全集》。每次父亲看到我读书，都会带着骄傲的表情说："我们家本来就非常有文学天赋。亲戚中就出现过著名的大作家呢。"平常十分严肃的父亲，只有在这个时候才会让我感到一丝温暖。

我中学的时候常觉得无所事事，于是便把那厚厚的、印满密密麻麻小字的《世界文学全集》挨个儿看了个遍。问题是我看书的方式与众不同，不是看完一本再看下一本，而是这本看一看，觉得内容无聊了，就又开始翻看另一本。有时甚至会同时看 3 本，因此看着看着内容就全混一起了。所以直到现在，我也没能准确地记住某一本小说的内容。

就在我读完整部《世界文学全集》的时候，有一次我去外婆家，发现了一本让我印象非常深刻的小说。我大姨当时还是大学生，我在她的桌子上翻到了一本名为《托尼奥·克罗格》的托马斯·曼（Thomas Mann，德国小说家。——译者注）的短篇集。而让我更感兴趣的是，那本书的扉页上有一段某个暗恋大姨的青年所写的赠言。具体内容我有些记不大清楚了，但是绝对可以肯定的是，那是一个非常害羞的青年鼓足了勇气才写出来的情书。

我一时好奇心起，当场就把那本书给读完了。小说内容充分表达了那个害羞青年的绝望心理，那种暗恋大姨的辛苦跃然纸上。我依稀记得小说的内容好像是这样的。

> 我坐在公园的长椅上，一位老人向我走来，对我说："如果你不太忙的话，愿意听一听我的故事吗？"然后，他就开始讲起他的故事。
>
> 老人小的时候，有一次，他家里着了大火。当时，他被困在二楼一间房里，他吓坏了，根本不知道应该怎么办。房子外面的人的呼喊声传了进来，他感到更害怕了。那一瞬间，他心里想：
>
> "我马上就要死了。烟尘会堵住我的呼气，那一定非常痛苦。再等一会儿，这炽热的大火就会把我吞没。啊，我应该怎么办呢！可怕的死亡现在就摆在我面前……可是，这到底又和我有什么关系呢？"

万幸的是，最后他竟然在大火中活了下来。但是，那时留下的精神创伤却不停地折磨着他。后来他与一位非常漂亮的女孩相爱了。与女孩在一起，幸福的感觉快把他那颗盛满爱情的心脏撑破了。可是，就在这时，他又一次小声嘀咕。

> "我现在和这个女孩相爱了。这个女孩真是太可爱了。我一生中从来没有这样幸福过。啊，可这到底是为了什么呢？这个可爱的女孩与我有什么关系呢？"

　　带着这样的想法，他的恋爱果然不顺。最后他与女孩分手了。
　　他的"可这到底是为了什么"的病复发，而且越来越严重。甚至导致他无论遇到什么事最后都会不知不觉地演变成这种灰心绝望的状态。他也曾无数次企图自杀，但是每次当死亡就摆在眼前的时候，他又会这样想。

　　　　"现在我就快要死了。喝毒药、跳悬崖、上吊，我可以选择任何一种
　　方式去死。但是……这到底是为了什么呢？"

　　最后他因为觉得连死亡都没有意义，所以无法去死。小说的结尾，那个老人这样说，自己肯定会在将来的某一时刻死去，但是就算是在死亡的那一瞬间，他也还是会这样想。

　　　　"我现在正在死去。终于要离开这个痛苦的世界了。但是这到底是为
　　了什么呢？"

　　一篇很短的短篇小说。
　　那个老人的名字好像就是"托尼奥·克罗格"。
　　暗恋大姨的那个青年，似乎想通过"托尼奥·克罗格"的独白，将自己不知该怎么办的挫折感表达出来。就连当时还只是个中学生的我，都清清楚楚地感受到了他的绝望。但是对我来说，这本小说带来的回忆不仅仅是这件事，"托尼奥·克罗格"的独白才是真正的开始。
　　"我现在正努力地活着。但是这到底是为了什么呢？"
　　高中，大学，然后毕业，然后去欧洲留学，再然后当了教授。即使是现在，我仍然会偶尔嘀咕："我本分诚实，完全靠自己的劳动换取生活的报酬。可这到底是为了什么呢？"
　　不过，与"托尼奥·克罗格"恰恰相反，对我来说，这些反问有助于我反省自己那忙得四脚朝天的生活。

我们现在生活的时代到处充斥着密码。银行密码、各种网上密码，差不多每人每天都需要使用几十次密码。但是要记住那些毫无规则可循的密码可真不是一件简单容易的事。相信很多人都吃过忘记密码的苦头。所以，后来我们设定银行密码的时候都喜欢选用比较方便记忆的号码，比如生日、车牌号码，或爱人的电话号码等。

这个过程在心理学中被称为"元认知"（Meta-cognition），即"对于想法的想法"。"认为把生日设为银行密码的话会更方便记忆"，这是一种"想法"。而产生这种"想法"的念头，就是人们回过头重新审视自己、反省自己能力的心理学基础。

人们越忙得焦头烂额，就越容易丧失自我反省的能力。天分不差的一个人，不知什么时候竟完全变了一个人。有时候说一个人"一朝得志，语无伦次"也是这个原因。他丧失了回过头审视自己、反省自己"元认知"的能力。所以，有时候人的职位越高、社会成就越大，自我反省的距离就会越短，甚至最后完全消失。

在黑格尔的"主人与奴隶的辩证法"中，主人和奴隶的位置被颠倒，就是因为这种自我反省能力的丧失所造成的。奴隶为了获得主人的称赞和认可，不停地审视自己的行为，并通过主人的视线来判断自己的能力。而与此相反，主人却没有客观评判自己。当然，他不必为了获得某个人的认同而努力。但是这样下去，他甚至会失去自我。

对我来说，"托尼奥·克罗格"的虚无独白有着"元认知"的作用。当我的成就越来越大、获得他人的认可也越来越多的时候，我就会越来越频繁地重复"托尼奥·克罗格"的那句独白：

"这到底是为了什么呢？"

经过反省，我觉得自己的世界会有所不同，起码产生了一点微妙的变化。

有一次，出版社委托我以"我生活中最重要的一本书"为题写一篇文章。我一下子就想到了《托尼奥·克罗格》的这句独白。对我来说，它真的是一本非常重要的书。由于还要求写出印象深刻的一段话，于是我决定去书店买这

本书。因为是很久以前的译本，我以为会比较难买。但是没想到，我竟然很快就找到了它。书一到手我就迫不及待地翻开，边看边想起三十多年前爱慕大姨的那个腼腆青年，不禁轻轻地笑了笑。他现在也肯定变老了很多。

可是……天哪！

完全意想不到是，那句话根本不是"托尼奥·克罗格"说的。书里的托尼奥·克罗格根本不是我脑海里那个整天念叨着那句虚无独白的主人公"托尼奥·克罗格"。这本托马斯·曼的小说《托尼奥·克罗格》完全是另外一本我没读过的小说。怎么会这样呢！看来，不仅是《世界文学全集》，我把读到过的书全部张冠李戴了，包括"托尼奥·克罗格"的独白。

但是，在过去的三十多年里，我对很多很多人都讲过"托尼奥·克罗格"的独白。年轻的时候，我为了把漂亮的女人变成自己的女人，每到决定性的关键时刻，我都会使出撒手锏——来一段"托尼奥·克罗格"的独白。再配合我那悲伤的表情，所有的女人都会被感动得一塌糊涂。

不仅如此，最近几年我在给大众演讲的时候，也曾无数次地引用过"托尼奥·克罗格"的这段独白。人们无不为我的演讲而感动。可是，那个"托尼奥·克罗格"居然不是这个"托尼奥·克罗格"！怎么会有这么荒谬的事情呢！

但哪怕是这样，我也还是老把这段"托尼奥·克罗格"的独白挂在嘴边。"可是，这到底是为了什么呢？"

（可是这并不代表我固执地不愿意改正这个"错误"，如果有谁知道这本小说的名字，请一定告诉我啊，在这里先谢谢各位了。）

嘴角向下撇，撇下的不仅仅是嘴角，还有幸福

为什么男人们见面的时候会互相交换名片？甚至还要物色一个有特色的名片夹随身带着？他们到底为什么会这样做呢？如果说仅仅是为了"自我介绍"

似乎有些牵强。因为要自我介绍的话只需互通姓名就足够了嘛。

从文化心理学的角度来看这个问题，男人们互相交换名片的道理很简单。就是为了给彼此权力大小排序。只有确定了顺序，才能进一步确定相处的规则。对于韩国男人来说，如果不先确定彼此的社会地位和辈分，那么便无法好好相处。在模糊不清的状态下，男人们会感到手足无措。

所谓男人之间相处的规则其实也非常简单。就是位高的人嘴角向下撇，而位低的人嘴角向上扬。好像处于发情期中的雄性动物会在雌性动物面前进行力量的角逐一样，输的家伙就会夹着尾巴落荒而逃。互相交换名片的两个人通过比较各自名片上印着的社会地位高低，随后其表情也会立刻呈现出明显的变化。

社会地位高的人嘴角向下撇，摆出非常严肃的表情。而社会地位低的人，则嘴角上扬，满脸堆笑，这其实和动物尾巴向下垂是一样的表现形式。我希望大家有机会要仔细观察一下这种现象，虽然很悲哀，但却是千真万确的。通常，男人们会在一天之内重复几十次这样的行为。

我经常会收到很多来自企业的演讲邀请。在我演讲的过程中，哪些人是部长级以上，我一眼就能看出来。人一旦升到了部长级以上，受到的重力作用好像就比别人厉害一样，他的嘴角会开始慢慢向下耷拉。而在那些部长级以下的人中，几乎找不到有谁的嘴角是向下撇的。这种现象不仅仅出现在公司里，日常生活中也是一样。对于那些社会地位高的人，嘴角向下已经成为他们的习惯。

为什么社会地位越高，其嘴角就越向下撇呢？这是因为他们不想让自己脸部的肌肉，尤其是面颊的肌肉发生运动造成的。他们害怕自己稍不留神会被对方看到"满脸的笑容"，他们认为那样就像是动物耷拉着尾巴一样，所以千方百计地向嘴角挤压面颊的肌肉。这样一来，他们额头的肌肉就变得非常敏感发达，而面颊的肌肉却因为嘴角长时间向下而几近退化。

人类大脑内部存在一种叫做"镜像神经元"（mirror neuron）的物质。这是人类为了在艰险的世界中生存繁衍下去而从出生起就具备的，一种可以模仿他人情绪的能力。有了这种能力，即使是还不具备思想的襁褓中的婴儿也可以模仿出妈妈一些特定的脸部表情。人类从出生后几个月开始，就会积极地模仿

其他人的脸部表情。也就是说，从出生的那一刻起无论是谁，都具备了共有他人情绪的"能力"。也就是说，"情绪共有"是人类所拥有的最基本的"沟通"能力。

人们之所以可以互相理解，最根本的原因就是彼此的"情绪共有"。我们通过与其他人感受相同的情绪体验，可以推理出相同的意义。这种"沟通"能力，就是人类通过"镜像神经元"的功能互相模仿彼此情绪而产生的。所以，我们会跟随对方的情绪状态变化，指挥自己面颊或额头的肌肉作出反应。

但是随着社会地位越来越高，韩国男人们的嘴角反而越来越向下撇，这一现象背后隐藏着相当严重的问题。这意味着韩国男人们天生的"情绪共有"能力正在逐渐消失。他们通过额头的肌肉，可以很好地共有消极的情绪，但却几乎再也无法通过面颊的肌肉共有积极的情绪。

应邀去讲课的时候，我最讨厌遇到这三种团体。

第一种是"社长班"。在充斥着 CEO 们的地方讲课，真是让人呼吸不畅、郁闷非常。无论你说什么，他们都不会有任何反应。全都一个劲地抱着胳膊，然后面无表情地看着我。就好像是在说"你先自己试试吧"一样。估计韩国没有几个能够忍受这种气氛的讲师，必须拥有一个十分强健的心脏才能讲得下去。就连我这种讲课的老手，也是最近才慢慢适应的。

第二种是"教授班"。教授们几乎从来不会被其他人的讲课内容感动，或是被说服。而且教授们一般都非常敏感和警觉，他们抗拒被说服。"疑心病"是所有教授最普遍的职业病。所以让教授们坐下听你讲课，就好像是你一个人站在前面接受他们的审查一样。

第三种是"公务员班"。果川有一个名为"中央公务员教育院"的机构，专门为国家中央部署公务员提供培训。每次去给局长级以上的干部讲课都让我感觉十分糟糕和不痛快。不管我说什么，他们都没有任何反应。所以果川的教育院被称为"讲师们的坟墓"。因为只要去一次，就会让你难受得想死。

这三个团体的表情几乎完全一样。如果仅从照片上看根本分不出来，因为他们全都很卖力地使劲把嘴角向下撇。也就是说，这些在韩国社会里举足轻重的人物,他们的"情绪共有"系统都无一例外地正在逐渐消亡,也就意味着"沟通"功能也退化了。不仅如此,他们回顾、审视、反省自己的"元认知"也正在消失。他们之间的谈话,听起来似乎都合情合理,但其实都是一些废话。你只要稍微留意一下电视上的评论节目就会发现这个现象,这些人怎么能霸占着大众的时间不停地说自己想说的话呢?

他们夸夸其谈着韩国社会今天所面临的问题,但是韩国社会所面临最根本的问题,是"人们在谈论时却无法互相理解"。彼此无法达到"沟通",剩下的就只能是动物般的攻击、愤怒以及敌视。现在这些负面的情绪每天都充斥着我们的生活,所有人脸上都好像写着"别惹我"。到底我们为什么要这样活着?

我们面颊的肌肉没有活动的机会也就意味着我们的生活中根本没有愉快、有趣的事情发生。只有"镜像神经元"的机能启动起来,我们才能对对方的积极情绪作出反应,我们的生活才会变得愉快有趣。之所以觉得生活了无生趣,是因为我们好像时刻准备好应付对方愤怒或敌视等消极的情绪。当对方出现高兴或愉快的积极情绪时,却干脆连一点反应都没有。长此以往,人与人之间的交往就会演变成一种压力。

有趣的是,不仅男人这样,有些女人也这样。部分社会地位高的女人,表情也和男人一样,嘴角无一例外地向下撇。甚至连她们的语言也充满权威,说话时故意语调上扬,我每次见到这样的女人都相当不爽。所以说,嘴角向下撇这一习惯不是男人才有的问题,它证明了权力对人际关系的影响。

想要恢复感受和表达积极情绪的能力,其实非常简单,只要你尽可能多地运动面颊的肌肉就可以了。这与权力无关,却是人际关系中必须具备的能力。多参加一些"兴趣团体"之类组织举办的活动,特别是一些集合了相同兴趣的人的"同好会",将会有意想不到的效果。

你可以从兴趣爱好中寻找到乐趣,而乐趣是一种"传染病",它以"情绪共有"为前提。当人们感到有趣的时候,面颊的肌肉会自然而然地向上运动。你看那些在澡堂里叽里呱啦的大婶们,她们中有嘴角向下撇的人吗?

那些尽力摆出严肃表情、嘴角向下撇以显示自己的权威的男人们,当人

们看到你们时，不仅不会感受到你们刻意营造的威严，反而只会心生怜悯。因为那个表情就好像在向别人急切地大声呼救一样，"我现在的生活太没意思了，求求你们把我从痛苦中解救出来吧！"嘴角向下撇容易，重新向上扬可就难了。

亲爱的读者们，现在马上站到镜子前仔细观察一下自己的嘴角，看看是什么样的吧。

早起的鸟儿真的有虫吃吗

据说所有 OECD 国家（Organisation for Economic Co-operation and Development，**经济合作与发展组织。——译者注**）中，韩国的劳动时间最长。但是各种调查结果又显示，韩国的生产能力是最低的。这到底是什么原因呢？那些振臂高呼要"好好生活"，并且除了老婆之外，把生活里全部东西都更新换代了的人们，为什么到头来还是没有过上自己想要的生活呢？所有企业都在提倡"创造性经营"；各个政府部门，乃至所有企业，也都无一例外地高喊"创意"。但是韩国社会为之制订的行动计划却依然还是老生常谈，毫无任何创新可言。

我们强调的还是老掉牙的"努力"！

以前我们说"日出而作"，现在我们却天刚破晓便拖着睡眠不足的身体开始工作了。中学时，我们所有人都背诵过综合英语中那篇《早起的鸟儿有虫吃》的例文。现在人们仍然迷信这篇例文提出的观点。但是，我们应该意识到这个观点已经不合时宜了。

有研究结果显示，太早起的人到了下午，注意力就会下降，工作效率也会随之下降。让我们暂时抛开科学的理论，从现实出发仔细想一下。**如果早起床就可以成功的话，那么那些从凌晨就开始爬山，向南山矿泉奔去的人们，全部都应该是成功人士才对。**然而，他们中有一半的人都是病人。从凌晨开始工作，充其量只是延长了工作时间，不见得就提高了工作效率。可是即便这样，新上任的长官或 CEO 们通常还是从提前上班时间开始改革，让所有的下属都成为"早起的鸟儿"。唉，可是这样真的不行啊。

我在德国学习生活了 13 年，最讨厌别人将"莱茵河奇迹"与"汉江奇迹"做比较。这对韩国人来说完全是一种亵渎。德国是什么样的国家？是挑起两次世界大战的国家，是拥有世界上最先进的潜水艇、坦克以及飞机技术的国家。即使他在战争中失败了，也并不代表掌握那些技术的德国人全死光了。

但是，韩国是怎样的呢？是一边接受经济援助，一边经受着内部战争的民族。甚至连战争中使用的所有武器也全都是向其他国家借来的。这之后又经历了很长一段时间的饥荒，是一个捂着挨饿的肚子剥树皮吃的民族。虽然有点寒碜，但是这就是事实，而且我认为这没什么可羞愧的。

20 世纪的大韩民国与德国的起点完全不同，但是现在韩国与德国在很多领域里都可以并驾齐驱。不过德国却对韩国摆出酸溜溜的鄙夷表情。龟兔赛跑的结果摆在面前，谁敢理直气壮地说"两个国家差不多"？将"莱茵河奇迹"与"汉江奇迹"作比较，完全是无稽之谈。

世界历史上，从来没有哪个国家与大韩民国出现过相同的情况。除了韩国，也从来没有哪个国家能在如此短暂的时间里迅速崛起。这已经足够我们自豪的了。但是，这自豪也只能到那时为止。越快兴盛起来的国家，也越容易灭亡。这是有历史根据的！只要你翻开孩子的世界史教科书，仔细观察各国年谱，就会赞同这个观点。

为什么会那样呢？那是因为前一个时代发展的动力，扼住了后一个时代发展的脚腕。"法兰克福学派"指出了这点，并称之为"历史的辩证法"。近代欧洲的"启蒙主义"最后没落成了"纳粹主义"就是最好的例证。

同样，20 世纪后半叶，大韩民国竭尽所能的发展也扼住了下一时代前进的脚腕。曾经促进韩国产业社会高速成长的"勤勉、诚实"的价值观，将韩国社会向新时代的演变发展拦腰截断了。当然，这么说并不是告诉人们不要勤勉、诚实。**只是忍耐型的"勤勉、诚实"没有任何用处。因为"忍耐"这种方式注定任何人都无法具有创造性。**

幸福，就会感到罪恶；开心，也会感到不安。韩国社会所面临的最根本问题就是每一个国民都有这种类似的感觉。很多人都有过这样的经历，休息日偶尔睡一次懒觉，会睡着睡着突然醒来，总感觉好像有什么事情要办，无法踏实下来。我想问，这样的休息能叫真正的休息吗？有时出于对家庭的责任感，男人们也会带着老婆、孩子去游乐场玩，可即使是在这样的时候，他们也会下意识地不停用手去摸手机。手机可以上网以后，很多人甚至开始用手机办公，休息时间也经常搜索一些与业务相关的资料。唉，这样下去，真的不行。

21 世纪最可怜的人就是只懂得"勤勉、诚实"的人。在产业社会时代，我们应该"勤勉、诚实"。因为那时所有的价值都体现在劳动时间的长短上。但是进入到 21 世纪后，我们就不再依靠劳动时间来创造价值了。因为无论我们多么勤勉、诚实，也不可能比机器更快。而且，我们也不可能比那些为养家糊口而卖命工作的外国劳务工们更加勤劳、辛苦。也就是说，"早起的鸟儿有虫吃"的理论早就过时了。

20 世纪遗留下来的价值观在 21 世纪已经不适用了。"早起的鸟儿有虫吃"的说法却仍然让韩国的男人们信以为真，"头悬梁锥刺股"，准备放开手脚大干一场。"没错，每天只要闹钟一响，我们就全部起床。这样做就能获得成功。"直到现在，这种生活方式还被人津津乐道。这些人太渴望成功了，但是他们所知道的方法除了"勤勉、诚实"以外，再无其他。

我们每个人都被告诫要"勤勉、诚实"，但光是这样是绝对不可能成功的。因为如果那样就可以成功的话，我们早就成功了。然而一本提倡这种观念的日文翻译书《早晨型人类》，大卖了将近六十万册，而我苦心钻研的力作《玩着成功》，满打满算也才不过卖了两万册而已。

如果你能在生活中找到乐趣、在工作中获得满足，那么即使别人告诉你不用勤勉、诚实，你也会变得勤勉、诚实。所以说，"坚持就是胜利"这句话其实是骗人的，应该把顺序颠倒过来。我们不仅应该在意坚持和忍耐的过程，更应该在意那个胜利果实的味道。毕竟只有尝过果实的甜美，你才算真正享受到了胜利的快感。这才是我们的终极目标。

21 世纪的核心价值就是"乐趣"！以劳动为基础的社会核心原理是"勤勉、诚实"，但以知识为基础的社会核心原理是乐趣。创意只有在有乐趣的时候才会迸发出来。所以从心理学的角度而言，乐趣与创意是同义词。

21 世纪并没有固定的成功模式可以复制。20 世纪时，我们可以沿着前面美国、日本走过的路一路追赶。并且我们真的靠"勤勉、诚实"的方式追赶上了他们。所以我们才能像现在这样享受着安逸的生活。但是那个时代已经过去了。现在已经可以与发达国家并驾齐驱的我们，已经没有固定的路可走。美国也好，日本也罢，他们也面临同样的问题，不得不摸索出一条新路。只有开拓出新路，才能够屹立于世界的前列。要开拓出新路，就必须具备对新鲜事物的好奇心。其实艺术界是最有好奇心的地方，你们见过只懂得"勤勉、诚实"的艺术家吗？

德国的著名剧作家布莱希特将艺术创作的特性称为"间离效果"。他认为为熟悉的事物赋上全新感觉是艺术的目的所在。"创造性思考"也是一样。其实太阳底下根本没有新鲜事。而将熟悉得不能再熟悉的事物重新进行组合，这就是"创造性思考"。不过从这个意义上讲，我们以前似乎就搞错了"创造"的意思。因为以前我们认为"创造"表示将目前还不存在的东西制造出来。现在看来，如果"创造"是那样的话就只有神仙才能完成得了了。

但是，如果想要改变那些固有的，并被人们惯常使用的说法，就比较难了。例如"炸酱面"，我每次听到播音员说成"杂酱面"的时候，都会感觉非常别扭。问他是根据什么发音规则，他居然回答"只是自己想那么说"。多么没有说服力的解释！

知识型社会中最重要的就是为熟悉的事物赋予全新的感觉，使其具有"间离效果"。也就是说我们不要只"墨守"将事物固定起来的"成规"，应该将眼光放远。仅仅就是昨天和今天，事情就有可能变得完全不一样。世界上只有傻瓜才会不考虑改变"成规"而只想到改变自己。

游戏和庆祝是非常具有代表性的两种"间离效果"方式。人们每年都会举行各种各样的庆祝活动，其理由就是为了改变"成规"。大部分人的生活都是

日复一日、毫无乐趣,而为了改变这样的"成规",人类不停地举行各种庆祝活动。庆祝是为了表明自己成为生活的主人，过的不再是被命运安排好的生活。自己能成为生活的主体、改变自己的生活时间，这样的行为就是庆祝。我们的生活一直都跟随着由其他事物固定下来的"成规"运转，而当我们用力甩开这样的生活时，我们反而会感到害怕。实存主义的哲学家们认为人类的生活充满害怕和恐惧，其原因就在于此。

但是通过庆祝活动，人们的生活可以得到改变。所以我们春节也要庆祝，中秋也要庆祝，圣诞节还要庆祝。通过庆祝，我们可以将自己的生活完全改变。因此，庆祝也可以说是实践"间离效果"的方式。

游戏也是如此。游戏也可以帮助我们改变自己的生活。哪怕只是最简单的"石头、剪子、布"也可达到这样的效果。因为游戏能使你的思维暂时改变，逃离无趣的、一成不变的生活。

现在人们除了整天想着维持生计、种族繁衍，还开始有其他的想法。所以我们作曲、画画、出去旅行。仅仅依靠努力是绝对不可能产生"创意"的。因为努力和打破"成规"是截然不同的两个层面。只有努力制造乐趣、有兴趣爱好的人，才会有梦想。脱离现有的生活，到其他领域看看，就会发现生活原来可以有趣得让你不知所措。

在强调"勤勉、诚实"的产业社会中，你再努力也会有比你更努力的人。但是在更注重乐趣的 21 世纪，有更多"会玩的家伙"。这是真的哦!

最近我因为接到很多企业关于"创造性经营"的演讲邀请而忙得不可开交。我一点也没有夸张，六个月内的日程已经被全部排满。我一直很想去个远一点的地方玩，可是我却一边给别人讲"想要具有创意性，就一定要生活得有趣并且要好好地玩"，可是自己却没有一丁点儿玩的时间。这真是一个巨大的讽刺啊。

唉，真的不能再这样了。

人绝对不会被改变

我很讨厌美国式的"成功处世书"。那些书的内容千篇一律，不外乎"想要成功的话，就要具备以下几十条习惯"，"凌晨就要精神抖擞地起床"，"改变你的生活方式"，"改变你的想法"等等。很多这类书都相差无几，内容非常非常相似，只不过换了个标题而已。可是居然有很多人愿意花钱买这种书，我非常好奇，为什么这种书在畅销书排行榜上总是名列前茅。

甚至，我去一些企业演讲，发现他们卫生间里小便器的前面都贴了这类文章。看着这些文章，我会突然尿不出来。因为对我来说，那些内容十分荒唐，对我没有一点用处。

美国式的"成功处世书"都有一个共同点，那就是一致地让你"改变自己"。

但是，人可以那么容易被改变吗？设身处地地想一想，在你懂事以后，性格改变过吗？**我们常说"江山易改，本性难移"。所以即使一个人死而复生，也不一定能改变之前的性格。**

但那些"成功处世书"却总是让人改变，我看迟早会把人逼疯。每看一次这种书都会感受一次挫败感。可是当人们刚刚适应这种挫败感之后，其他主题的处世书又问世了，于是人们又再买新书接着看，再重新适应另一种挫败感。作为一个专业学习研究心理学近三十年的人，我可以很负责任地告诉大家，人的性格是绝对不会被改变的！不仅是我这样说，最近的性格心理学理论也提出了这样的观点。一般来说，人是不会被改变的。

无论是谁，都会有一些缺点和毛病。我也一样。对我来说，最致命的缺点就是受到刺激后马上就吹胡子瞪眼，像个"定时炸弹"一样。一件事如果不是按照我的意思解决，我就会无法克制地发作起来。人际关系也这样。明明相处得很好，仅一次不可挽回的失误，就使关系彻底完蛋。以前，我还试过好几次

开着开着车，就跳下来，在马路边抓着别人的衣领和人家理论。现在当教授了，自己也想约束一下自己的行为，有个教授的样子。但是这急躁的老毛病还是让我惹了大大小小不少祸，事后经常后悔得几夜睡不着觉。

老婆见我如此烦恼，索性把我高中生活记录簿的复印本翻了出来。她把那个复印本递给我，上面有一段我高二班主任对我的评语："性格沉默寡言、忠厚老实，缺点是容易激动。"

真是一位残忍的老师。他的这段评语，无疑是在提示我，高中二年级时的性格到现在都没有一点改善，还是那么容易急躁。但是我真的对那些总是让人"改变自己"的"成功处世书"忍无可忍。它们不仅让我产生压力，而且还让我很有挫败感。

人的性格不会被改变！至少绝对不会因为看了一两本"成功处世书"而改变。但是，也不是完全没有方法。作为一个单独的个体，性格是很难改变的。但是如果个体所存在的社会环境发生改变的话，那么性格也非常容易随之改变。那是因为人类性格与社会环境之间存在"格式塔（Gestalt）"的关系。格式塔心理学的理论核心说的就是整体决定了部分的性质，部分依从于整体。所以当我们身处的整体社会环境改变时，性格也会改变。作为个体，我们每个人的性格虽然都是不变的，但是根据社会环境的改变，在某一时间里这种性格可能是好的，在另一时间却可能成为坏的性格。

比如说，讲课的时候我始终摆出很"权威"、很"了不起的样子"。这是我自己总结出来的行之有效的讲课技巧。但是在老婆面前，我又会变得非常"胆怯"，这是我为了逃避家务活儿而使出的小伎俩。在我的孩子们面前，我是非常"慈祥"的老爸，我觉得我的孩子们都非常漂亮、非常可爱。在我的学生面前，有时我是非常"严格"的老师，有时我又成了非常"有趣"的教授。

同一个人，在不同的环境里，性格也会改变。如果你不具备这种对社会的适应能力，那么后果就会变得不堪设想。应该严格的时候，你宽松；应该有趣的时候，你却显得很严肃；应该慈祥的时候，你非装得威严，这简直就是无头苍蝇。"成功处世书"的问题就出在这里。没有任何关于"外在环境"的认识，只会一味地让你"改变自己"。这种没有针对性的改变只会导致荒唐的结果。

人们骨子里的自己绝对不会被改变。但是对我们而言，比自己更重要的是对外在环境的把握。它是我们成功所必不可少的条件。生活的乐趣就来自于改变环境的能力。只有懂得生活的人才会懂得根据"外在环境"来改变自己、改变世界。

一个生产呼啦圈的公司的社长从美国接到一笔数目非常巨大的订单。于是他从银行贷款按照订单生产了相当数量的呼啦圈。就当他把这些呼啦圈堆放在仁川码头，准备装船发走的时候，他收到了美国那边的消息——发出订单的公司倒闭了。社长觉得这次连自己的公司也得跟着一起倒闭了。他为了把这些呼啦圈卖出去，马不停蹄地奔走于各个运动用品商店。但是所有的商店都异口同声地说："哎呀，现在哪还有人玩呼啦圈啊？不需要。"

这位绝望的社长只能在仁川码头边上徘徊。突然，他看到远处的耕地上放满了塑料大棚。社长当场眼前一亮，一个主意在脑海中应运而生。他让工人们把呼啦圈全部从中截开做成半圆状。然后把这些"半圆形"的呼啦圈全部卖给了塑料大棚的生产厂家。最后一结算，不但没赔，甚至还是跟美国方约定好的价钱的 2 倍。

过去制造塑料大棚时，都是使用竹子当支架，但是竹子非常脆，容易断裂，并且稍有不慎就会把塑料膜扎破。用半截的呼啦圈当支架就能完美地解决这一难题。这些半截的呼啦圈简直就是做塑料大棚的完美材料。

这就是应外部环境而改变的最好例子。如果那个社长一直把呼啦圈当成运动用品的话，那他将根本没有能力去还清银行的贷款。但是将之变成农业用品之后，就获得了丰厚的收益。到底是谁把呼啦圈规定为运动用品的呢？其实就是人类自己。既然人们可以把呼啦圈定义为运动用品，也同样可以把呼啦圈用在塑料大棚的支架上。

那么怎样才能应环境而改变呢？人们总是把"外在环境"当成自己影响力之外的东西，并称之为"客观环境"。所以，面对"外在环境"，人们总是认为自己无能为力。其实并不是这样的。所谓"客观环境"只是人们主观的既定思

维。也就是说，人们的主观思维决定了客观环境。

当我们发现自己的主观思维可以改变客观环境时，我们会为此感到高兴。因为主体是我们自己，通过改变自己的观点，外在环境也可以随之变化。

获得乐趣的前提条件就是自己可以主导自己的行为。心理学认为，"选择的自由（freedom of choice）"决定了乐趣。这就是"我要做"和"要我做"的区别。试想想如果别人让你去攀登一座艰难险峻的高山，你会怎样？肯定不会去，对吧？但是如果是你自己选择去攀登的话，那么无论多辛苦你都会想尽办法完成的。因为这是自己的选择，是属于你自己的乐趣的来源。

想改变自己吗？那就别再买那些只懂得"让你改变自己"、不切合实际的成功处世书看了，与此相反，你应该找出自己生活中乐趣的来源。

没有任何人能告诉你该如何去寻找，只有你自己才知道。改变环境，找出乐趣，当你体验到自己成为生活的主人的乐趣时，一切就都不一样了。

人生没有乐趣？用"透视"试试吧

我问大家："最近过得有意思吗？"

没有人回答。

于是我又问："那能做点什么有意思的事情吗？"

然后大部分人说："看场电影？""去趟旅行？""或者大肆购物吧？"

对于这样的回答，我并不意外。21世纪开始，"乐趣"被赋予了新的含义，成了一个富有社会"构成"含义的单词。电影，是在20世纪中后期才开始成为大众娱乐工具的；旅行，是在火车发明以后才得以实现的休闲活动；而购物，则是在大众消费文化形成后才开始成为人们的乐趣的。所以在这里，"乐趣"是一个全新的概念。而在看电影、旅行或购物的时候，我们所感受到的心理状态内容可以用一个词概括，那就是"视角"，即Perspective。

我问那些想去旅行的人：“你最想去什么地方呢？”

大部分人都回答我说想去欧洲。

“那到底是欧洲什么地方呢？”就没有人回答了。

我在德国生活的13年中，几乎每年都会有如饥似渴想要饱览欧洲的韩国朋友或亲属来找我。因为我自己拥有的那部最高时速才130公里、车龄10年的老爷车实在难以胜任带他们玩遍欧洲的重任，于是，每次我都租车带他们玩。两周的旅行结束后，我去还车，有一次租车公司的职员这样问我：“你是韩国人吧？”

我非常吃惊，反问道：“你怎么知道呢？”

那个职员这样回答我：“两周时间能跑出五千公里的人，只有韩国人。一天少说得跑三百多公里，只有你们韩国人才会这样旅游。”

虽然这话不中听，但是那职员观察得倒挺准确的。

在欧洲旅行，会那么“疯跑”的人，除了韩国人的确找不到第二个民族。租车公司的职员问我：“你们看起来更像是汽车拉力赛，这样旅行有乐趣吗？”是啊，到底为什么要这样疯狂地跑呢？

想看的东西太多了。也就是说，他们对“视角”太渴望了。好不容易有机会来到一个与自己生活的世界完全不同的地方，当然要好好利用这个机会把能看的全看遍了。所以才会像疯了似的玩命地跑。

他们来旅行时所做过最疯狂的事莫过于在炎炎烈日下开着车，在斯堪的纳维亚半岛沿着一望无际的海岸线奔跑。那里的夏天会出现极昼，所以夜里最长也就只有三个小时而已。每天接近夜里十二点的时候太阳才落山，而我的韩国亲朋们就一定要跑到那个时候才会停下来。然后凌晨三点钟太阳重新升起来的时候，他们又迅速爬起来开始新一天的疯狂拉力赛。为了多看到一些景点，于是便没有停歇地跑。我发现我们真是了不起的民族。

这都是因为对“视角”太过渴望造成的。很多成功处世书都把有关“视角”的问题当做是不可或缺的重要内容。它们大多会告诉人们，如果想要改变自己的人生，那就先要改变自己的“视角”。至于究竟什么是“视角”，怎样才能改

变"视角"，却只字未提，总之就是告诉你一定要改。那么用什么办法可以改变呢？这就需要人们具有人文和社会学方面的洞察力了。因为只有明白了"视角"的本质，才能去改变。

"视角"是"透视"诞生以后才出现的文化现象。也就是说，"视角"不是开天辟地之初就已经存在的现象。如果有人问我，人类历史上最伟大的发明是什么，我一定会毫不犹豫地回答他，是"透视"的发明。也就是说，想要说明"视角"的话，首先要理解"透视"。

所谓"透视"，是将三次元简化浓缩为二次元的技术方法。最早发明"透视"的人是文艺复兴时期的画家们。要很好地说明"透视"的形成，拉斐尔的画作《贞女的婚姻》就是很好的例子。

在"透视"中，最重要的事情就是确定"消失点"的位置，也就是可以抓住画中所有要展现的元素最中心的地方。不仅如此，它还会指引看画的人着眼于何处。虽然在现实中不可能，但是在画面里，所有的元素都会向一点聚拢，然后逐渐消失，最后消失的地方就是所有人都会看到的地方，也就是"消失点"。

"消失点"的定义是在"透视"中被首次提出的，它的发现意味着将所有人的"视角"统一起来，并赋予了文化色彩。即，画面所展现出来的视角其实只是被画家们人为设定的东西而已，并不是真正客观存在的。

"消失点"一旦被确定，画中的其他事物就都将根据距离"消失点"的远近，确定尺寸大小和位置。离得近的事物大一些，离得远的事物小一些，这样表现出来的"透视"，可以通过合理的位置，使我们在二次元的画面中得到像看到三次元真实景象一样的视觉体验。

当年西方能把东方变成殖民地，其契机就是因为"透视"。东洋画中当然也有"透视"，但是顶多也就应用在了明暗度和色彩度的活用上，很难发现那种以"消失点"为中心的"线形透视"。因为这种"透视"的缺失，直接导致以客观性和合理性为基础的科学性思考的缺失，所以我们在西方领先的科学技术面前，溃不成军。

当然，进入21世纪之后，情况也发生了日新月异的变化。带有东方文明的、非统一的、多种多样的"视角",即"单一角度"(single perspective)或"多重角度"(multiple perspective),成为了更适合 21 世纪后现代时期的形态。近代以后,西方逐渐没落,文化和财富的主导权已经开始向东方转移。在东方,也有与韩国相关的内容,我将作为其他讨论的主题以后再说。

但不管怎样,认为由"透视"决定画面整体构图,其实这样是不够客观的。"视角"的位置,即"消失点",可以根据看画的主体的意图随时改变。一旦"消失点"变化了,画面的整体构图也就随之发生变化。也就是说,确定"消失点"的家伙才是画的真正主人。当今世界政局主要以美国为中心进行转变,其理由就是美国控制着世界政局的"消失点"。

世界其实一直在根据确定"消失点",即基准的人的意图改变着。同样的,只有能够控制"消失点"的人,才能成为自己生活真正的主人。而当你成为生活的主人,可以根据自己的想法自由选择、主导变化时,你所感受到的才是"乐趣"。换言之,乐趣只有在你成为自己生活的主人时,才能获得。

文艺复兴时期绘画中的"透视",是"视角"最初的体现形式。后来,"透视"又被应用在贵族们的庭院里。贵族们的庭院,是贵族们出于想将自己无法掌控的自然界缩小、控制在自己股掌之间的欲望成就的。贵族们想无时无刻都能看到自己统治下的自然界,进而享受那份似乎自己无所不能、无处不在的"视角",正是这种欲望促使当时的贵族庭院纷纷建成。

而将这种欲望表现得最淋漓尽致的就是凡尔赛宫,法国最具代表性的庭院。法国的庭院是将绘画中的"透视"原理重新应用在自然界的结果。换句话说,就是把原本用于将三次元的自然界缩小到二次元的"透视"法,重新应用到三次元的环境中。

凡尔赛宫就是以国王的窗户作为"消失点",按照左右对称的原则和固定的比例,人为地建造自然的结果。宫殿里面,所有的景物都向国王的"视角"聚拢,而国王只要站到窗户前看着庭院便可真切地感受到自己无所不能的统治权力,这就是建造凡尔赛宫的目的。当时国王的乐趣也就在于享受这样的"视角"。

　　这种曾经一度只有国王和贵族们才能享受到的"视角"，近代也成为了大众可以涉足的场所。由于蒸汽发动机和火车的发明，火车旅行得以成为现实。科学技术的进步，给"乐趣"的内容带来了革命性的变革。人们坐在疾驰的火车上，开始享受世界不停变化的"视角"。速度可以使火车窗外的风景瞬息万变，从此，人们开始向往放眼全世界享受全新的"视角"。从那时起，人们才开始真正意义上的"旅行"。旅行就是这种享受"视角"的行为的延伸。

　　后来，人们这种通过旅行享受真正自然界的行为，再一次通过"照片"和"电影"等媒介的发展，发生了革命性的变化。这次不再是眺望真正自然界的"视角"，而是人们开始在一个被称为剧场的封闭空间内享受从摄像机的镜头获得的人为的"视角"。

　　早期的电影是由一台摄像机在现场进行完全写实的拍摄，然后不经任何艺术加工直接放映的。但是当20世纪初，谢尔盖·米哈伊洛维奇·艾森施泰因（Sergei M. Eizenshtein，*前苏联导演、电影理论家，犹太人。——译者注*）的蒙太奇手法问世后，编辑技术开始使乐趣的内容发生革命性的变化。电影制作者们可根据自己的想法随意地编辑、操控现实。这种新技术，使电影后来发展成为今天多种多样的形态。今天我们所享受的乐趣，大部分都是这种经过多种媒介作用后的"视角"的形态。

　　微软的运营体系"Windows"的本质也是如此。电脑的画面成为人们观看虚拟世界的窗口，我们也同样通过这扇窗户享受"视角"。我们可以通过这扇窗户窥视别人的隐私世界。虽然没有人承认，但是韩国的网络信息之所以得到飞跃性的发展，全是拜"吴贤京视频"（*吴贤京，韩国女演员，1998年因私生活视频被曝光而退出演艺圈。——译者注*）之类的隐私窥探事件所赐。我们每天上网搜索别人的博客或上传到交友网站上的内容，也属于一种窥视他人生活的行为。

　　在互联网的虚拟世界中，人们不仅喜欢窥视他人，而且还喜欢暴露自己。很多人从不间断更新自己的博客，上传自己的生活细节，甚至还会上传照片。不仅如此，连自己内心非常隐私的内容也会全部上传。这种行为是一种暴露自

己的生活，然后享受他人的关注的行为。 我想，这是否也可以称之为暴露狂的网络版呢？乐趣，从"视角"的发现开始，一直进化到 21 世纪后由窥视和暴露组成的双重结构形态。不仅如此，现在人们已经不满足仅仅用眼睛看到的"视角"了，还开始想要进入并窥视他人内心世界的心理"视角"。也就是说，人类的"沟通"行为，已经成为"乐趣"的一部分了。

乐趣，由改变"视角"产生。为了乐趣，人们制造话题，将陈腐过时的信息放入到全新的环境中，不断地进行着各种创意性的努力和尝试。

那些生活无趣的韩国大叔们也在为寻找乐趣而努力，并且真的将他们的创意发挥得淋漓尽致。听说过"动物 go-stop"游戏吗？（go-stop 又称"花斗"，*韩国式扑克或牌九。——译者注*）通常大叔们都只会玩"go-stop"，但是每天都玩同样的"go-stop"，慢慢也会觉得没有意思，于是这些大叔们发明了新的玩法。

大叔们开始利用花斗牌上的动物数量赢钱。除了还是按照原来的规则玩基本的"go-stop"外，同时他们还规定花斗牌上的动物数量从五只起，每超过一只得一千元（韩币）。

举例说明。

我抓到了"雨光"（牌面上印了一个打伞的老头。——译者注）和"八个十分"。朋友给了我一千块钱。但是我数来数去发现牌面上都只有四只动物（"八个十分"中包含了一只蟾蜍和三只大雁。——译者注），我问他为什么要给我钱，那个打伞的老头又不能算作动物。但是朋友说，人，即那个打伞的老头，也是按照动物来算的。打了一圈之后又转到我，这次我抓到了"明月光"（*牌面上印的是月亮。——译者注*），朋友一个劲儿地咂嘴，又扔给我一千块钱。我有点迷糊了，问他为什么又给了我一千块钱呢？他说"明月光"里面也有动物。啊？什么动物啊？

朋友回答道："兔子！"

噢，原来是月亮里面的那只"玉兔"啊！就是在"嫦娥奔月"的传说中，住在桂树下的那只兔子。所以说这种想象力真是太可怕了。

想象力是什么?

想象力就是与他人不同的看待事物的能力,是能够看到他人看不到的事物的能力。那些生活无趣的大叔们就是因为厌倦每天都玩相同的"**go-stop**"游戏,想更有意思才发挥出了这巨大的想象力。有乐趣,就会慢慢有创意。只有有乐趣的人才会用"透视"来看待世界,根据自己的想法确定"消失点",然后将自己眼中的世界重新组合。这也就是说只有有乐趣的人,才会成为自己生活的主人。

那么现在,你生活的"消失点"究竟是由谁来确定的呢?

男人们每到周末就向高尔夫球场出逃

今天,我叫醒了闹钟。

一般每天早上都是闹钟叫醒我。但是周末是例外。等不及 5 点的闹钟响起来,我就先醒了。真是够神奇啊,每到这种时候我都会比闹钟早两三分钟。

老婆起来看看床边的挂钟,然后叹口气,马上就又回到床上躺下了。我开始稀里哗啦地做出发前的准备,她仍旧闭着眼睛,然后用极不情愿的口气跟我说:"今天的家庭聚餐绝对不许迟到啊!"

"啊,是。"我用可以做到的最最温柔和气的声音回答老婆。我这辈子从来没有像现在这样低三下四过,看着老婆的脸色,装成温顺的小绵羊。这全都是为了我的高尔夫啊!

为了周末能去打高尔夫,我在其他时间里倾尽全力迎合老婆的心意,老婆让往东,绝不往西。在外人面前虽然我都装得挺硬气,但事实上,我在家里都是非常小心谨慎的。虽然每次拿着高尔夫球杆出门的时候,脑后都会传来老婆的抱怨声,但是这一切都会随着我的打球入洞和左右挥杆被抛诸脑后。因为打球就足以让我忙得手忙脚乱了。

老婆的不快一共就这么几种，什么作为家长的道德责任啦，什么应该为自己奢侈的兴趣感到惭愧啦，还有对环境的破坏等，每天都一成不变地对着我的后脑勺发牢骚。为了可以尽可能地带着一个清澈纯粹的灵魂去高尔夫球场，所以这一周我都过得战战兢兢的。只求星期六的早晨，老婆能够不唠叨，顺利地放行，让我幸福地从家里出门。

现在没有比收到朋友的电话告诉我周末已预订好场地更让我愉快的消息了。我现在的水平在朋友间已经属于不错的了。当然，这都归功于球童姐姐们和道路施工救援等其他辅助条件的帮助。水平正常发挥的话，大概能得95分以上。要是哪天我只得了八十多分的话，就会一整天都很低落。

高尔夫到底有趣在什么地方呢？

事实上，高尔夫就是上了年纪的人们玩的一种儿童游戏。为了把鸡蛋大小的球放进山坡上的洞里，人们吭哧吭哧地爬上去，把自己弄得特别狼狈。虽然称为一种运动，不过对于我这种尚还年轻的人来说，没有什么太大的效果。夏天，在炎炎烈日下汗流浃背地打完十八洞，可能能减掉一公斤左右的体重。但是活动结束后聚餐，和朋友们一边聊一边吃，不知不觉就又会吃很多，反而很容易会长回一公斤半。所以越打越肥。而且，每打一次起码都得花上四五个小时，在别人看来简直就是浪费时间。

可是，韩国男人们为什么如此热衷这种运动呢？恐怕全世界都找不出第二个像我们这么疯狂迷恋高尔夫的民族了吧？大家不妨听听我的"一家之言"。我还真是有很多想法，呵呵。

因为高尔夫是一种Storytelling。高尔夫不是单纯的运动，而是一种话题、一种倾诉。恐怕也只有高尔夫这个话题能够让韩国男人们在不喝酒的状态下连续讲话四个小时以上了。即使关于女人的话题，我们也无法聊这么长时间。

看起来好像每次都是聊高尔夫，但其实也会聊到其他话题。更为重要的是，聊的都是关于我们自己的事情，所以大家才会觉得一起打高尔夫有意思。细想想，活到这把岁数，还有什么时候能像现在这样天南地北、津津有味地聊天吗？有什么事情能够像高尔夫一样让这些本已对自己的生活丧失诉说欲望的中年男

人乐此不疲，甚至还主动制造共同话题呢？

　　仔细观察，会发现打高尔夫的人与钓鱼的人讲话的内容都差不多。钓鱼的人，无一例外都会说脱钩跑掉的鱼有人的小臂那么长，而往往他们真正钓回来的鱼却全都只有巴掌那么大。钓鱼的人每次回来都会向别人解释跑掉的鱼有多大，这说明他们对于鱼线被扯断十分遗憾，所以他们才会喋喋不休。

　　听的人呢，也都知道钓鱼的人夸张了。可即使这样，他们依然张大嘴巴入迷地听着。因为那种遗憾引起了他们的共鸣。

　　打高尔夫的人的话题也都与此类似，遗憾地没有三击入穴、差点一击入穴，或者球碰到了石头于是两击才能入穴等。打高尔夫球的人总是在向别人描述自己的遗憾。

　　打高尔夫的人总是喜欢夸大自己一杆能打出的距离，这已经成为所有打高尔夫的人之间公开的秘密了。经常有人说，"我再稍稍用点力就超过 300 码了"。我用新买的 GPS 测定仪实际测量过，发现最远的也就只有 260 码。

　　噢，对了，还有，人们还喜欢谈论非常偶然出现的回旋球。朋友们一致认为是地面的原因所以球才会向后滚动，但是我的朋友梓林君却每次都和大家犯犟，硬说是回旋球。不过，当了"大雁爸爸"之后，他这种犟脾气已经好了很多了。

　　我们要的就是这样的效果。虽然常常都是差不多的话题，但是那些听的人，却十分配合地表现出满脸的好奇和兴奋，就好像是正在观看魔术表演的孩子们一样。

　　我喜欢与亲密的朋友谈论高尔夫的装备，虽然我与这帮人的水平都不怎么样。但是我一直坚持认为，那是装备的问题，与我的实力无关。所以我在装备上花了不少钱，尤其是球杆，更新得非常频繁。我的朋友们状况和我也差不多，不过我们倒不觉得浪费。因为我们把钱都花到球杆上了，却从来都不练习，练习的费用自然就免了。而且只要我们中有一个人买了新球杆，那么所有人的球杆都会跟着马上更新。

　　我们还经常谈论关于打赌的话题。谁谁输了多少钱，谁谁又赢了多少钱。

而且听说谁把"小组奖金赛"的奖金一次性全部卷走时，每个人都兴奋得好像是自己赢走了奖金。所有人都张大嘴巴流露出无限羡慕的表情。实际上，我也曾经与他们打过几次赌，甚至试过三次入穴打完十八洞，赢走全部的奖金。其实当初我之所以迷上高尔夫，是因为我既不会喝酒处理人际关系又不够圆滑，我的大学师兄尹恩基校长便极力向我推荐高尔夫，在这里我还真得真心感谢他一下。我与他打赌的时候，甚至还出现过凭借最后一击的些微优势赢走了全部的钱的情况。所以我在高尔夫球场上经常这样自言自语："人生只有一次，大家机会均等，无论谁都有可能赢。"

我用脑袋大、脖子短的球杆打球时经常能打出回旋球，那感觉就像在部队时和小卒子善奎君斗嘴一样有趣。那时候不论怎么逗他，善奎君都只是微微一笑，不和我计较。

诚信女大的沈哲浩教授轻击入穴时力道总是把握得不好，球常常在离洞还有一截距离的地方就停下了，于是我就经常揶揄他是不是所有的"腿"都那么"短"啊？有时开开带点"味道"的玩笑也挺有意思的。不过沈教授长得帅，即使我取笑他"腿短"也完全没有关系。

现代炼铁的李宗仁专务也很有意思。他经常和别人争辩他那套唯独缺了 7 号杆的二手球杆套装出产于哪年哪年。每次看到他那唐老鸭式的翘臀，我都忍不住在后面哈哈大笑。那个经常找我茬的金圣俊社长也是，每次他想和我打赌，我都无条件答应。和那种无时无刻都想着要赢别人的人过招，也有一种别样的乐趣。

有时在轮候场地的时候，我们就经常用打赌来打发时间。向球座投球，离球座最近的人就可以把大家投过去的球都拿走。SK 建设的崔昌源副会长总会想出各种稀奇古怪的打赌招式。崔副会长被我们称为"打赌魔王"。不过他每次想出的打赌新招式，倒是都挺符合我的口味的。后来他还想出了投球座的打赌方式，将球座扔出去，球座落地时朝着谁，谁就可以把球座拿走。有机会的话，你们也可以试一下，真的挺有意思的。虽然钱可能被人赢走，但是却在玩笑中得到了无穷乐趣。

其实，我和别人谈论的都是我自己感兴趣的话题。每个人内心的想法也可以算是一种话题，是人和自己对话从而进行自省时的话题。所以前苏联文化心理学家维果斯基说"想法是'内在的语言'（inner speech）"。

而没有"自己的话题"的人，就只能"拾人牙慧"。现在的中年人们聚在一起，就只会骂一骂政治家。可是无论是哪个政治家，还不都是我们自己选出来的吗？骂他们不相当于扇自己巴掌，骂自己有眼无珠吗？人们热衷于看艺人的绯闻也是如此，因为大众需要源源不绝的茶余饭后的话题。不过明星们的存在价值就在于为大众"制造话题"。渴望话题的大众们在消遣明星的同时，也填补了自己的空虚。

但是谈论钓鱼或者高尔夫与辱骂政治家、编造明星绯闻之间，有着本质的区别。因为不论讲的是脱钩鱼的尺寸，还是一杆球飞出去的距离，即使总是带有夸张的成分，但是对他人并无害。这就是"自己的话题"，自己亲身经历过或亲眼看到过的话题。偶尔也会开些低俗的玩笑，比如说用轻击入穴隐喻夫妻隐私等，但这类话题并不会给任何人造成心理负担。

有话题的人，生活是幸福的。谈论高尔夫让人愉快，谈论钓鱼让人激动。但是除了高尔夫、钓鱼之外就再也没有别的话题可说的人的生活也是非常可悲的。

所以说话题越丰富多样越好，正所谓多多益善。但是总谈论别人的话题并不能让自己得到共鸣或者快乐。所以那些热衷于谈论别人的人会因为得不到预想的效果，而陷入恶性循环，把话题变得越来越刺激、越来越具有破坏性，这也说明了现在网络上关于名人的"爆料"等小道消息为什么会越发泛滥。有些人甚至还会故意揭别人疮疤。这些都是损人不利己的行为，在茶余饭后议论别人并不能让自己觉得开心。只有真心与朋友分享自己切身的体验或发自内心的喜乐哀愁，才会感受到幸福。

噢，顺便再说说高尔夫的话题。

无论哪个高尔夫球场都会有一些好为人师的人存在。而且越是新手，越喜欢去指导别人。高丽大学的南基春教授就是其中之一。他总是喜欢给别人示范所谓的"标准姿势"。而且他总是标榜自己是厄尼·埃尔斯（Ernis Els，南非职业高尔夫球手，曾排名世界第一，身高达到1.91米。——译者注）式的标准姿势。但是南教授！请您不要误会，不是所有个子高的人就都是厄尼·埃尔斯。而且厄尼·埃尔斯也没有像您那样耷拉着肩膀！

反正不管怎么说，谁要是真的误信了这些人的话，那天的表现肯定会受影响。所以我坚决反对新手指导别人！

登高可以望远

　　这是很美妙的经历。在登山的途中，你会发现攀得越高，收入眼底的事物便越多。时间常常就在我入神地向远处眺望时便悄悄地溜走。坐在速度特别快的列车里时，我们也应该尽量向远看。因为这样才不容易晕车。我们在生活中也该如此。职位越高，节奏越快，则越应该向远看。站在被千年积雪覆盖的阿尔卑斯雪山上，我就是这样入神地、什么都不想，向远处眺望。

第 4 章

不要自以为可以保卫地球

나는 아내와의 결혼을
후 회 한 다

人们总自以为是"老鹰五兄弟"

千万不要自说自话

我的错都是别人的错

谁说男人不该流眼泪

"湖南"口音让人备感亲切

人们总自以为是"老鹰五兄弟"

韩国男人们，无论是谁，只要喝上一杯酒，马上都会以为自己是超人，要立刻开始保卫地球。一个个都夸夸其谈得脸红脖子粗，好像只要自己是总统就可以轻而易举地把那些堆积如山的问题通通解决掉。无论是股市起跌还是政府的经济政策，他们似乎比专家还在行，甚至能拿出更好的解决方案。而且他们还不满足于把范围局限在国内，从独岛问题（**韩国与日本的领土争端。——译者注**），到伊拉克派兵，甚至美国大选、地球的温室效应，都是他们关心的议题，他们俨然把自己当成是"地球保卫队"的战士，随时需要拯救地球。可是如果真让他们去与各种宇宙侵略者作斗争，估计他们就没有那么勇敢了。

我们在日常生活中应该不断寻找属于自己的乐趣，并通过这种乐趣进行"情绪共有"和"沟通"，从而确认自身的存在感。**但是韩国的中年男人们却将获得存在感的过程人为地省略掉，所以他们最后只能动动嘴皮子评论一下政事，并自以为是"地球保卫队"中的一员。**

我把这种现象定义为"老鹰五兄弟症候群"。"老鹰五兄弟"是韩国人都知道的英雄人物，但问题是这支由韩国的中年男人组成的勇敢的"地球保卫队"一旦到了让他们为自己的幸福而战的时候，就立刻变成缩头乌龟，一个个都踌躇胆怯起来。

我给大家举个例子。很多人都遇到过这样的情况，辛勤努力地工作了一周，到了周末想要犒劳犒劳自己，于是便去吃美味的牛排大餐。但是你会一个人走进一家幽雅的西餐厅，点上一份牛排和红酒，然后独自享用吗？请注意，是独自！你有这个勇气吗？如果为了有人陪伴而大方请客邀朋友一起去，就太不划算了。如果自己去的话又好像有点别扭，但又不甘心因此放弃吃牛排的想法。这时到底该怎么办？

遇到这种情况时真的很纠结！谁都可以独自去便宜的血肠糯米汤店胡吃海塞一顿，但是如果独自去幽雅的西餐厅享用大餐，那么可能大部分人都会犯怵。为什么会这样呢？因为害怕别人把自己当成是个独来独往的怪人。

你会一个人去听音乐会吗？那也很不容易。但是真正好的音乐，其实还是应该独自去欣赏的。只有独自去听，才能安静地体会音乐的真谛。不过真的有勇气一个人坐在音乐会场里听音乐的人，并不多见。大部分人连独自坐在黑黢黢的电影院里都会感到不好意思，又怎么敢独自坐在明晃晃的音乐会场里呢？这是为什么呢？因为我们害怕他人的目光！

但是请问，我一个人去听音乐会，一个人去吃牛排大餐，和别人有什么关系呢？可即使是这样，我们还是害怕"他人的目光"，没有勇气独自去享受牛排大餐和音乐会。最后就只能坐在酒馆里，把自己献身给"地球保卫事业"。这是好现象吗？当然不。所以我把这种中年男人的表现称为"老鹰五兄弟症候群"。

生活得没有一点乐趣的他们，最希望的就是"颠覆世界"。似乎只有像2002 年世界杯时全韩国的国民都穿着红色衣服走上街头和球场那样疯狂，才会让他们感到有趣。

但是冷静地思考一下吧！世界上怎么可能经常发生疯狂的事情呢？还想再经历一次世界杯的四强赛吗？虽说家丑不外扬，但是我可以坦率地讲，那次是因为比赛由韩国主办，所以我们才能进入四强，如果是在其他国家举行，我估计连半分便宜都占不到。韩国男人总是只有在世界被颠覆的时候才能感到乐趣，可是世界并不会那么轻易地被颠覆。所以最后我们的"老鹰五兄弟"就只能靠喝"炮弹酒"来颠覆自己的肠胃了。无法颠覆世界，只好颠覆自己。

我们的"老鹰五兄弟"看新闻也非常认真。只要回家早，就一定准时从"8点新闻"开始看起。"8 点新闻"结束后，马上就是"9 点新闻"，"9 点新闻"

结束后，等一会儿继续接着看"11点新闻"。可就是等那么"一会儿"也让他们无法忍受，于是便顶住老婆和孩子们的强烈抗议，调台看一会儿二十四小时新闻频道。即使看完"11点新闻"，他们还要看完最后的"结束新闻"才罢休。

到底为什么他们这样认真地看新闻呢？归根结底还是因为希望世界被颠覆！如果只看到一些司空见惯的新闻，他们就会感到没意思。但是俗语说"No news is good news"。正因为我们社会安定，所以才会只有一些平淡无奇的新闻。而那些动乱的国家便会经常出现一些爆炸性新闻。可即使这样，他们依然为了能够等到一条发生在韩国的、突发性的、足以颠覆世界的爆炸性新闻，而每天死死地握住遥控器。其实，他们并非认为韩国还很落后、很不安定，所以理应出现那些新闻，而是因为想看到那样的新闻，而把韩国当成是落后国家。

噢，对了，说句题外话。有一个还没有被完全公开的秘密，你们知道吗？"老鹰五兄弟"其实并不是兄弟。五个人中，其中有一人是女的。所以，不应该叫"兄弟"，而应该叫"兄妹"。

还有一个更重要的秘密，连我们国家情报机关都不知道。这五只"老鹰"中，其实只有一个家伙是老鹰，其他的分别是秃鹰、天鹅、燕子和猫头鹰。所以说这帮家伙其实只不过是"鸟类五兄妹"。可是直到现在，他们还自称"老鹰五兄弟"并到处招摇撞骗呢。

韩国男人们就是这样，都以为自己是"老鹰五兄弟"，并高声大喊着要保卫地球。但是酒一醒，就立刻明白自己其实只是"鸟类五兄妹"罢了。这是多么可悲的故事！

可以聊保卫地球便聊上一个通宵的这些男人们，其实他们都没有属于自己的话题，这也就意味着他们的生活毫无乐趣可言。想要理解乐趣和话题的关系，就让我们首先了解一下乐趣的文化史起源吧。

如今我们经常问别人"觉得有趣吗"，这个说法其实是从20世纪后半段才开始在人们的日常生活中出现的。当然，"乐趣"这个单词很久之前就已经存在，但是当时所具有的含义与我们现在使用的并不一样。我们现在所使用的"乐趣"是最近几十年才出现的说法。

人们感觉到乐趣时所产生的心理现象被称为"人类意识"，人类意识产生以后就以各种方式存在至今。但是当我们开始从文化角度去定义这种现象时，这种现象才能在现实中发挥作用。就像在韩国，人们会用"情"这个单字去表达爱情、感情的意思。在其他国家的语言里，当然也会有表达爱情与感情的单词，但是通常单个"情"字是没有具体意义的。但当"情"字被韩国文化赋予了含义之后，便与其他国家的语言中的那个"情"字有了本质上的区别。

乐趣也是如此。进入 20 世纪后，一直被人们忽视的与"乐趣"相关的心理层面，也开始被各种专用语言具体定义。也就是说，乐趣的社会化构成已经开始了。

乐趣的社会化构成的其中一个条件就是主体的成立。从身份、阶级、家族这样封建性的身份象征开始，直到近代以后"独立个人"开始成为主体，而与此同时也出现了"兴趣"这个概念。"个人"开始批判抑制了自身自由的结构性压抑，并且开始根据自己的想法对主体行为进行"意义赋予"。过去的"历史叙述"只是集体式"意义赋予"的行为，但现在开始从个人层面上也可以进行叙述了。

在世界心理学界举足轻重的杰罗姆·布鲁纳（Jerome Bruner，**美国著名的心理学家、教育学家。——译者注**），将这种现象称为"叙事转向（narrative turn）"。所谓"叙事转向"，是指自我叙事的这种行为，即人们开始讲述自己的行为动机和感觉。讲述，即"storytelling"，是为了明确生活目标而进行"意义赋予"的过程。关于"我为什么要这么做"，"为什么会有这样的感觉"，人们开始从自身的想法和感觉出发，而不再单纯服从于组织或集团的意识形态。这种具有划时代意义的转换可以概括为：

"我们不是在讲述想法，而是为了讲述而思考。"

讲述自己，即"storytelling"的内容大部分都关于自身行为的动机，即"motivation"。比如，爱不是生物学中单纯为种族繁衍而产生的动物性冲动，而是内心对女人那温柔的发丝、可爱的声音等等产生的感觉。在这个叙事过程中，人们不仅对自己的行为进行了说明，而且还从"乐趣"的概念中衍生出了

我后悔与老婆结婚

"意义赋予"的行为。

　　没有比无法得知发生在自己身上的事情的原委更让人郁闷的事情了。所以人们总会不停地刨根问底。这种寻找发生在自身事情的原委的行为，其实就是在寻找生活的意义。

　　韩国男人们聚在一起的时候会没完没了地聊关于军队的话题也是因为这个原因。他们一边抱怨"我那美好的青春岁月为什么要在军队那冷冰冰、不近人情的地方度过呢？"，一边又在为自己参军的行为寻找意义。但那种大而空的"为了保卫国家和民族"之类的口号，并不能真正使他们明白自己服兵役这一行为的意义。因为有很多国家并不需要强迫国民服兵役也同样能保卫国家和民族。况且，在他们身边，就有很多并没什么特殊理由就可以逃避服兵役的人。

　　所以说，对于大部分韩国男人来说，参军都是一件没有实际意义的事情。所以当总统选举或国会选举的时候，这个问题都会成为双方辩论诘难的焦点。女权主义者们感到最难接受的也是军队问题。因为无论多么有修养、多么优秀的男士，一遇到有关军队的话题，谈吐的水准也会马上下降。

　　可是无论女人们多么腻烦，男人们也绝不会停止谈论军队。尤其是在军队踢足球，几乎成了每一个服过兵役的男人的保留"剧目"。说到这儿，我也想补充一点我在军中踢足球的事情。

　　我原来并不太喜欢足球，运动神经也不够发达。但是在军队的时候，我却突然成为一名相当了不起的足球选手。那时候，每到周末，在华川北部白岩山的铁栅下面经常举行中队足球对抗赛，奖品就是圆面包＋豆奶。

　　我经常被选为中队的代表选手，威风地披上战袍出战。但是，我一次也没有作为首发阵容出场过。一定是在比赛快要结束并且我队输球的情况下，我才会作为替补队员上场。通常那时离终场比赛结束只剩下十分钟。不过我觉得只有这样才能显示出我的重要性，我就是被用在关键时刻的决定性"秘密武器"。

　　但是我上场通常只有一个使命。那就是马上瞅准时机以迅雷不及掩耳之势用尽全身力气往对方主力的脚踹下去。然后被我这突如其来的偷袭惹恼了的对方主力，马上就会对我还以颜色，一般都是一顿拳打脚踢。紧接着我们这方的队员就好像一直在等待这个机会似的，立刻蜂拥而上，狠打对方那个主力。这时，对方的其他队员也都会一窝蜂地冲上来加入混战。

这种引起群殴的比赛方式被称为"恶斗"。而我的任务就是以这样的方式结束整场对抗赛。真的，好多次都是这样。

眼看 30 年过去了，直到现在我还对这些经历津津乐道。因为当年在毫无心理准备的情况下入伍，我根本来不及享受青春岁月，现在似乎只有不断讲述这段经历才能使自己得到安慰。讲述有趣的事情，这种行为本身就可以使人获得巨大的安慰。所以专业的心理辅导师最先要学习的就是如何倾听前来咨询的人的倾诉。因为辅导师可以从咨询者自行述说的过程中寻找到有用的线索。

没有属于自己的话题的生活，不能称之为生活。

因为赋予生活意义的过程被省略掉了。所以父母们总是不断重复那些关于艰苦岁月的故事。"一·四撤退"（*南北战争时，韩国一次重大撤退。——译者注*）时迎着暴风雪背着弟弟和还在流血的父亲艰难行走的故事；为了让孩子们生存下去，给孩子熬那种发黄的玉米糊的母亲的故事，等等。这些故事直到现在也从来都没有停止过被提起。

他们经常讲这些故事，其实并不是为了教训子女。只是想对那段兄弟反目、互相打击，充斥无数毫无缘由的痛苦的日子进行"意义赋予"。但是，无论重复多少次，他们也没有找到所谓的意义。于是他们只好一辈子都在重复。曾经亲身经历过奥斯维辛集中营（*纳粹德国时期建立的劳动营和灭绝营之一。——译者注*）的精神医学专家维克多·弗兰克，利用这种心理过程创造出了新的精神治疗法——"意义疗法"（logo-theraphy）。

没有什么关于自身的话题可说的人，意味着他的生活也是平淡乏味的。聚在一起谈论谁家把房子卖了、谁家赚了多少钱之类的生活，不是真正的生活。分享一些关于自己的小快乐、使自己内心充实的事情，才是真正的生活。

总统怎么样，国会议员怎么样，这些事情真的都不是我们能轻易左右的。顶多就是满足一下"老鹰五兄弟"，不，"鸟类五兄妹"的嘴皮子罢了。用自己真正感兴趣，与自身相关的话题来充实自己的生活，这才是真正有乐趣的生活。

千万不要自说自话

相信每个人都有过失眠的经历。心情特别不好所以睡不着觉尚且可以说得过去，但是有时候有些人会因为明明很小的事翻来覆去睡不着觉。这是因为，那些人没办法想明白那件"小事"的来龙去脉。

无论受伤多深，只要原因清楚明白，人们照样可以睡好觉。但是无论多细微的小事，如果"死得不明不白"的话，也会使人烦恼得彻夜失眠，因为我们潜意识认为非找出原因不可。人类本能地习惯把自己周围的所有事情都用清晰合理的因果关系来理解。

心理学家们作过这么一个实验。

接受测试的人被分成两组，每组各十人，他们需要去看一部非常没意思的电影，并且其中一组人看完电影出来的时候要说"这部电影真是太有意思了"，心理学家们承诺他们这么做了就会给他们每人一百美金。而另外一组出来的时候也要说"这部电影真是太有意思了"，但是这次他们只能得到一美金。

电影结束后，所有人都出来了。并且也都按照约定，说完"电影真是太有意思了"后拿到了一百或一美金。当他们再次起身要离开的时候，心理学家们问他们："这个电影真的很没意思吗？"

没想到，两组中竟然有一组人给出了我们意想不到的回答。他们说电影其实挺有意思的。你们猜，这么说的会是哪一组呢？

是得到一美金的那组。

大部分得到100美金的那组人的想法都是，"反正又不是会杀人的谎话，居然值 100 美金。别说 10 个人了，就是问 100 个人，100 个人也都愿意这么说。要是再有这样的好事，一定再找我啊。"

但是得到 1 美金的人就完全不同了。他们会想，"我值得为一美金而撒谎吗？而且还不是 1 个人，是 10 人啊，绝对不行。"可是他们已经答应了要说这电影非常有意思，如果不想撒谎，那方法只有一个，并且非常简单，就是这部电影真的十分有意思。

他们之所以会感到不快，是因为他们对自己的行为无法进行合理的解释。**连自己都无法说服自己，我想没有比这更让人痛苦的事了。**尤其那些会冒犯到自己的自尊心，又无法得到合理解释的事情，真是无论谁遇到，都会感到不快，甚至为之彻夜失眠。为了得到一美金而说谎就属于这种情况，任何人都会因此而不高兴，甚至越来越痛苦。于是他们干脆就让自己相信"这部电影的确有意思"，这样反而能使他们心里舒服许多，也简单了很多。**人们就是这样，会因为自己的自尊心受到伤害，而索性慢慢改变自己的认知体系。**

当人的温饱尚未解决的时候，人们绝对不会为这种事感到不快。但是基本的生存需求得到满足后，人们就会开始关注尊严的问题。这种自尊心在人类社会的相互作用中起着非常重要的作用。

在与他人的交往中，当自己得到尊重的时候，这种自尊心就可以得以维持。也就是说，我们是通过从他人那里反射回来的"我"的形象，来维持自己的自尊心。黑格尔将这种相互作用的方式称为"为承认而斗争"。在米德（George Herbert Mead，*美国哲学家、社会学家与心理学家，被公认是社会心理学的创始者之一。——译者注*）的社会心理学中，也用主格"我 (I)"与宾格"我 (Me)"的易学关系对此进行了说明。

在社会相互作用中，如果自己成为对方单方面训诫和启发的对象，被作用的这一方自尊心就会被彻底损伤，并且会以非常微妙的方式表现出来。严重的时候，甚至会引起故意颠倒黑白的举动，就像明明没意思的电影，最后却被潜意识认为有意思一样。自尊心，是人类用来确认自我存在的方式。

在当今时代，已经不能单纯用权力改变别人，用钱就更不行了。只有让对

方的存在感得到认可，才能改变对方的心意。人只有感到自己被真挚对待，是确切的"沟通"对象时，自尊心才能得以维持。而单方面的"沟通"只会损伤另一方的自尊心，所以社会中才会有各种"为承认而发生的斗争"接连不断地上演。有时甚至会引起翻天覆地的严重后果。因此，"沟通"非常重要。

21世纪的领导才能，就在于是否有改变对方心意的力量。所以大家都十分看重沟通。但是并不是光喊"我们沟通吧"之类的口号就真的能够达到目的。首先应该从沟通的基本原则开始。作为人类基本的相互作用形态，"沟通"需要依靠两个原则来维持。那就是"话轮转换"（turn-taking）和"换位思考"（perspective-taking）。这两个原则只要有一个被破坏了，沟通就不能真正得以实现。

首先解释一下"话轮转换"（turn-taking）。

所谓"话轮转换"就是在自己讲话的时候，也应该在适当的时候把话语权交给对方。也就是说，"it's my turn"之后就应该是"it's your turn"。对话不可能是单方面的。即使讲师一个人站在前面讲课，从"沟通"原理来看，也绝不是个人行为。优秀的讲师一定会给听众作出反应的机会。越经常与听众互动或者给听众反应的机会，越说明这是个有水平的讲师。判断一个人是否有幽默感也是同样的道理，如果对方没有笑甚至完全没有反应，那基本上可以判断这个人没有幽默感。情绪的相互作用，也需要不断轮换，才能够得以进行下去。不管一方如何滔滔不绝，如果没有情绪顺序的转换，那么这种谈话方式很快就会使另一方厌烦。因为这只是一个人的独角戏。

我们很小的时候，在妈妈的怀里就体会过"话轮转换"。大概全世界的妈妈都是一样的，哪怕襁褓里的婴儿还不懂得说话，但妈妈们仍然会不断地逗婴儿、跟婴儿说话，等待婴儿动动手脚来"回答"。

通过妈妈这种连续的独白，孩子就会明白，原来在所有对话中都会轮到自己作出反应。再大一些，孩子就可以在轮到自己的时候，对妈妈的提问用笑或者咿咿呀呀作出反应。通过这种方式可以使孩子们熟悉我们"沟通"的最基本原则，即沟通必须要双方共同参与。在对话中，自己讲完就应该轮到对方。

偶尔我也会参加一些电视节目。虽然每次我讲的内容都差不多，但是有时候我可以表现得非常幽默，有时候我又会变得糟糕透顶、让人厌烦。

这都是因为主持人。面对不同的主持人，我的讲话内容也会出现质的不同。出色的主持人会在我思维最活跃，所讲的话题也最有意思的瞬间，向我抛出问题。什么时候轮到主持人发问，什么时候轮到嘉宾发言，他们都能准确地把握。上这种主持人的节目，真的是一件让人非常愉快的事情。但是如果哪天遇到一个年轻、无甚内涵，只是脸蛋比较漂亮的主持人的话，那就糟了。他们专挑我心神不定，或是正在说一些可说可不说的话题时，向我抛出问题。结果整个节目都被弄得越来越无趣。

与人对话时也是如此。有时在对话的过程中，会有越说越觉得话不投机或者越说越觉得没意思的情况出现，这种情况大部分都是因为"话轮转换"没有得到实现。当只有一方在讲话，而另一方只能听不能说的时候，那么那一方的心情就会变得不好。另一方不仅没有讲话的机会，甚至连反应的机会都没有。这种情况一般会出现在与那些自认为地位更高、资历更深的人的对话中。因为他们觉得自己有说服或者向对方说教的权利与义务。

有时候与从事民生或志愿工作的人、女权主义者，或是与环保人士聊天，结束后会有好像还有什么堵在胸口的感觉。这是因为在对话中我们通常都是被说教的一方。他们并非因为看不起别人才这样，而是因为他们的使命感与自豪感使他们破坏了"沟通"的基本原则，"话轮转换"。所以越是一些以宣扬道德观念为工作的人，越需要定期进行自我反省。这在咨询心理学中，被称为"监督"(supervision)。

"话轮转换"被破坏的最大原因就是不自信。

因为害怕自己不能够说服对方，所以便不自觉地不停重复自己的话。然而能否改变对方，取决于自己是否有足够的自信。也就是说，自己所说的话，首先应该要能说服自己才行。如果连自己都无法说服的话，又怎么能要求对方心服口服呢。

对方从对话中就能感觉到，另一方是否充满自信。这通常可以靠看"话轮

转换"是否顺畅来判断。充满自信的人会时刻观察对方听自己讲话时的表情、动作和语气，然后不停地提出问题，并且按照对方的反应适时调整自己的话题。他们还知道根据需要甚至可以停止自己的讲话，然后安静地倾听对方。但是对自己缺乏自信的人，则会破坏自然的"话轮转换"。他们因为不自信，会全然不顾对方并不停地重复自己的观点。事实上，不自信是一种传染病，当你感到不自信的时候，也会把这种感觉原封不动地传染给对方。

有时候与你谈话的对方也可以很好地促进"话轮转换"。因为生活充实愉快的人，在谈话中会自然而然地给出反应。即使说话人只是习惯性反问而不是真的要另一方回答，听的那一方也仍然可以给出自然的反应。所以我给主妇们演讲的时候心情会特别愉快。因为这些养育过孩子的妈妈们知道什么时候应该怎样反应。主妇们的标志性口头禅就是"对、对""是、是"，这样的助语词可以很好地帮助"话轮转换"。主妇们由于经常要对孩子细小的变化进行反应而培养出引导相互作用的能力，即使是在演讲场上也起到了积极的作用。

而向经常嘴角向下撇的中年男性演讲时，我就感到相当困难了。因为即使使出浑身解数，也根本无法引起他们的任何反应。哪怕演讲中幽默的笑话也得不到应有的笑声。他们根本不知道自己应该什么时候作出反应。唉，他们甚至觉得"作出反应"是一件让他们感到很丢脸的事情。因为在他们的想法中尊贵而威严的人是不应该轻易地笑的。这是这些对自己缺乏自信的人的共同特征。他们这种对"话轮转换"的破坏行为所造成的影响，不仅仅只是破坏了另一方的心情，还会使自己丧失"换位思考"的能力。这才是他们致命的错误。

"换位思考"（perspective-taking）是指站在对方的角度看问题的能力。如果你已经具备了"话轮转换"的能力，那么还应该熟悉一下"换位思考"，因为只有这样才能最终达到真正意义上的"沟通"。这个世界上真的有无法听懂别人的"话"的人。而且这种人还十分固执，无时无刻不坚持己见，几乎到了着魔的地步。这都是因为他们没有站在对方的立场上看待问题。

最近的心理学理论指出，人在4岁就开始具备站在他人的角度上看待问题的能力。**但是，这种"换位思考"的能力会因为其社会地位越来越高、事业越**

来越成功而逐渐消失。过度膨胀的自我使他们不再承认他人的观点。这种问题常见于一些白手起家的成功人士身上。

"试过吗？"

这是郑周永会长（**韩国现代集团创始人。——译者注**）每次会议时必用的口头禅。那时我们都为其卓越的领导能力而折服，而他取得的成就也的确让世人瞩目。他是当时最具领袖风范的领导人物之一。虽然郑会长已经西去，但是每当看到关于他的视频画面，我都会十分怀念。但是这种单方面的领导力，只适用于某些特定的社会背景，当大家需要步步推进达到某个明确的目标时，或者大众所能接触到的信息无法超越领导时，才能发挥作用。

21 世纪的大韩民国，社会背景早已和郑会长所在的年代不同。现在韩国人的认知水平早已不是当时的水平。现在的韩国信息共享的途径十分顺畅，信息的生产和消费早已超出了当初人们的想象。在这种知识信息型社会，只固执己见，一味让大家相信自己跟着自己走的领导模式，必然会遭到抵制。而且，这种通过权威实现的领导力，一旦垮塌，将很难恢复。

韩国已经走出了当年的开发时代，现在如果哪个韩国男人还无法很好地掌握"话轮转换"和"换位思考"的话，那将成为他最致命的缺点。而他们之所以会感到生活越来越步履维艰，就是因为他们破坏了生活中最基本的沟通原则。

举一个沟通的反面例子。

有一个从来没有和子女们好好交流过的父亲。偶然有一天他看到了一本关于如何扮演好父亲角色的书，并恍然大悟。然后那天晚饭时他把儿子叫到饭桌前，对他说："儿子啊，我们现在开始沟通！"

儿子惊慌失措，根本不知道该怎么做才好。

等了很长时间，父亲终于忍无可忍，于是又说了一句："你现在是几年级啊？"

明显地，这位父亲根本完全不知道最基本的沟通原则。

舒伯特之窗

　　从位于奥地利萨尔茨堡的一间小书店的橱窗望进去，我看到了舒伯特。虽然这是培养出莫扎特的地方，我却在书店的橱窗里看到了舒伯特。噢，还有奥地利作曲家、指挥家马勒！每天都嚷着"我想死"、一生饱受忧郁症煎熬的古斯塔夫·马勒，他那张让我印象深刻的照片也放在里面。可是当我再向那间小书店的橱窗里望过去时，很奇怪，我还是看到了舒伯特。

我的错都是别人的错

"换位思考"是获得乐趣最重要的方法之一。人们之所以觉得看电影有意思，就是因为可以暂时进入到电影主人公的人生，用主人公的观点看世界。我们可以进入一个与现实生活完全无关的世界，让自己暂时逃离无聊的现实。

去旅行的理由也是如此。所谓旅行，就是感受目的地的文化中所蕴涵的另一种"观点"。而那种仅仅用照片来记录的旅行，根本算不上旅行，只是机械地"到此一游"罢了。

其实看电视剧也是一样。最近的年轻人特别喜欢看美剧和日剧。尤其是一季一季连续播放的各种美剧，真是让无数的粉丝们为之着迷。

韩剧和美剧的区别就在于"观点"转换的速度。美剧不仅会在各种空间中不停转换，而且也会在心理方面不断变换"观点"，让人应接不暇。比如说，最近很火的美国连续剧《越狱》，几乎每一集都会出现让人完全预想不到的情节。甚至有时观众根本无法跟上剧中主人公内心的"换位思考"速度。不过一旦你适应了这个速度，可能再倒回去看韩剧的时候就会感到无聊了。

人们看《滑稽音乐会》或《寻找笑声的人们》时无法跟着演员的表演及时发笑，也是由于这个原因。因为如果想理解这些滑稽演员的无厘头台词，观众必须得迅速换位思考。如果跟不上他们的思维速度，在该发笑的时候便无法发笑，等反应过来的时候应该笑的点早已经过去了。不过我觉得这样的人非常适合听高春子的单口相声。高春子讲话的速度虽然非常快，但是她讲述的故事线索往往都是直接而简单的。也就是说观众需要跟随的"换位思考"没有那么复杂。

生活没有乐趣的人，通常其"换位思考"的过程也不是很顺畅协调。所以对于生活没有乐趣的人来说，一定会产生"沟通"上的问题。因为他们无法站在他人的立场上考虑问题。对于这点我最近深有感触。

　　一般情况下，如果我需要依照某位领导指示行事，肯定都会尽力把事情处理得天衣无缝、完美无缺。我首先要做的事情，就是尽力让自己站在给我下达指示的那位领导的立场上把握事态。当事情整体脉络不是很清楚的时候，我会做多种假设，然后反复揣摩领导的真正意图。这样做的结果就是，凡是经我处理的事情，几乎都没有出过问题。所以，只要让我办过一次事，大部分领导都会再找我第二次、第三次……这是因为我能很好地"换位思考"，体会领导的想法。但是我现在面临的问题，恰恰与替领导办事时的情况相反。

　　我的研究所里有一些研究员，每次我指示他们做事，最后我去检查的时候，几乎没有一件事情会按我的要求完成。我简直都要气疯了。只好把他们叫过来，劈头盖脸地训一顿。但是回到自己的办公室后，半天都平息不了因激动而变得急促的呼吸。我总是一边气喘吁吁，一边想，"唉，为什么我的手底下就没有一个像我一样的人呢？哪怕有一个像我这样的人，我们现在的情况也不至于是这样……"

　　我想应该有很多人有与我相同的想法吧。但是平心而论，我们真的能找到"与我一样的人"吗？退一万步讲，我的研究员们至少比我小 10 岁，而我却不顾他们实际的经验和能力，一味地用自己的标准来要求他们，这样合理吗？

　　绝对不！可以站在领导的角度想事情，却从不替下属考虑，这是大部分自认为聪明的人经常都会犯的错误。而这，就是所谓的"领导危机"。所以，没有比与那些没有生活乐趣的领导一起共事更不幸的事情了。因为他们不具备站在下属的立场进行"换位思考"的能力。

　　怎么样？我的朋友，你的生活有乐趣吗？擅长与下属"换位思考"吗？还是只会日复一日地嘟囔"为什么我的手下没有一个像我一样的家伙呢？"

　　有一次，在文化体育观光部开完会，我打车回家。五十多岁的司机只不过是看见我在国家机关门前上的车，不等我坐稳，就开始向我唠叨他对荒唐无序的现实社会的不满。在他口中，政府不分朝野几乎全是"该死的家伙"。就在这个时候，路被死死地堵住了。不停向我阐述自身观点释放不满的司机慢慢也开始变得烦躁起来。这时，一辆高级轿车连转向灯都没打，就突然挤在了我们的车前面。

面对这样的情况，我和出租车司机马上成为一个战壕里的战友，开始唾沫横飞、同仇敌忾地批评我们国家混乱的交通秩序。当我们骂到那些大白天没什么事开车出来闲逛的家庭主妇和开着进口高档车无所事事的年轻人时，甚至有下车敲人家车玻璃的冲动。可是，就在刚才还没堵车的时候，我们这位司机大哥不是也为了超车而勇敢地越到公交车专用道上了吗？

但是，我们认为自己犯下的道路违章与紧迫的社会经济问题相比，根本算不上什么。而且学校那边还有一堂课在等着我呢！我得赶紧回学校，好给我那些学生们讲解韩国社会的病理现象。

人们总是有这样的想法。别人犯下的小过错就全是无理的、不可饶恕的，而自己一些无理或者非常微小的错误，就是非常偶然的，并且还是有不得已而为之的原因才造成的。人们总是把自己排除在应该遭到批判的对象外。

关于这一点，并不是我空口说白话，是有科学数据支持的。根据最近发布的社会统计调查结果显示，有 89.1% 的人认为"自己不歧视残疾人"，但是有 74.6% 的人认为"别人歧视残疾人"。另外，调查对象中有 64.3% 的人认为"自己非常遵守法律"，而认为"其他人也非常遵守法律"的人却只有 28%。自己不遵守法律的理由中，回答"因为别人也不遵守"的人最多，占 25.1%。我们就是这样用各种借口为自己辩护的。

人类最基本的"沟通"能力是从站在别人的角度上看待事物开始的。就像之前介绍过的一样，这在心理学中被称为"换位思考"（perspective-taking）。

有一个与之相关的有趣的心理实验。心理学专家给两个小孩看装有铅笔的文具盒。然后把小孩都支开，偷偷地把文具盒中的铅笔拿出来，放了几块糖在里面。然后叫来其中一个小孩，问道：

"这里面装的是什么呢？"

小孩想当然地回答说："是铅笔"。

然后心理学家把文具盒打开，给他看里面的糖。然后又重新扣上文具盒，问他：

"外面的那个小朋友会认为这里面装的是什么呢？"你们猜，小孩会回答什么？

正确答案当然是"铅笔"了。如果想猜出正确的答案，那就必须具备站在对方的角度看待事物的能力。如果小孩看着文具盒回答说是"糖"的话，那就意味他不具备区分自己与他人的不同观点的能力，他还没有意识到他人的观点可能与自己不同的事实。一般来说，这种能力在人4岁的时候就已经具备了。

那么快要50岁的我的认知能力竟然还不如一个4岁的小孩，这种现象到底应该怎么解释呢？

我们可以说这全是因为那些不知廉耻的政治家们。因为他们利用地域感情来左右国民的判断为自己拉票，其实他们的险恶用心就是想为自己和所属的党派争取尽可能多的利益和权力。

此外，他们在人前大谈伦理和责任，但是背后干的却是做假账的勾当。这种政商勾结、同流合污的行为，其实就是彻头彻尾的奸商行径。

还有，我的问题也可以赖在那些人前正义凛然，人后卑鄙低劣的伪君子身上；再不然就是因为公务员一贯的"明哲保身主义"；哦，对了，还可以说成是因为演艺圈的明星们私生活不检点。

反正，我的问题都不是因为我自己。

水至清则无"渔"

　　奥地利阿尔卑斯山的万年冰雪融化成清澈的水，缓缓地流入山下的溪流。虹鳟鱼们会像舒伯特的音乐一样以箭一般的速度欢乐地游来游去。可是在这种清澈得一览无遗的水里，人们却无法抓到鱼。舒伯特也明白这个道理，所以他连一个女人都没有"钓到"，那是因为他那镜子般清澈的灵魂。而我的灵魂是比镜子还要清澈纯洁的水晶。

谁说男人不该流眼泪

有时我们遇到某个人之后，会莫名其妙感到不爽。后来仔细想想，才发现自己一整天心情不好的原因，就是早上遇到了那个人。

但后来却了解到其实那个人还不错。可就是那样一个人人都给予肯定，对我的生活其实根本毫无影响的人，却一整天都刺激着我的神经，让我闷闷不乐。这是为什么呢？为什么这样一个人却能毁掉我一整天的好心情呢？

这是因为我觉得他堵塞了我与他之间"情绪共有"的通道。无论是谁，与别人谈话的时候都会不自觉地发出想要与之"情绪共有"的信号。如果通过面部表情、手势、语气等传达出来的信号遭到对方的拒绝，那么心里就会感到不爽。相反，如果信号被对方接受的话，那我们都会立刻爽起来。

那么到底理解他人心意的能力是从哪里来的呢？就是从模仿他人的情绪开始的。在模仿他人情绪的过程中，不知不觉间我们会锻炼出将心比心的能力。所以，**如果双方交往是从互相模仿情绪开始，那么最终一定可以互相理解、达成共识，并正确揣测出对方的感情。**

唉，可是我们韩国的男人却偏偏要违背这个生物学原理。德国心理学家汉斯·约阿希姆·马兹将这种现象称为"感情停滞"（Gefuehls-Stau）。所谓"感情停滞"是指本应被自然表达出来的感情，却像在交通高峰期被堵得寸步难行的马路一样，无法顺畅表达出来的现象。

德国统一已有 20 年的时间了。但是直到现在前西德与前东德之间仍然存在着无法逾越的心理鸿沟。马兹教授认为这种现象的起因就是"感情停滞"。

前东德的社会化进程是充满权威与压抑的。在这种社会环境中，那些自主、独立、自由思考的人是不会得到成功的机会的。只有顺从、轻易屈服于统一思想，并有很强依赖性的人才能最终存活发展下来。在这种社会中成长起来的小孩，根本无法为自己认为有可能会实现的事情做出哪怕一点点尝试，就更不用说将梦想变为现实了。反而，他们从小就具备一种出色的、时刻提示自己要注意察言观色，并迅速明确他人的期待和要求的本领。

这种社会化进程只要求人们适应他人的要求，因而必然会产生压抑自己内心其他基本欲求的结果。这叫做"缺乏症候群"。在成长的过程中没有得到爱的人，就会想用其他方式来填补这个不足。比如说，现在有多种形态的"上瘾"现象接连发生，就是因为这个原因。这里所说的"上瘾"不是说与酒精或麻药等相关的中毒，而是工作狂、成功狂、购物狂、权力狂、自我炫耀狂之类的现象。

对感情的压抑，就是由"感情停滞"引起的情绪障碍。人类通过基本的感情流露，不仅可以与他人进行"沟通"，而且还可以满足自己的基本欲望。成功后的喜悦，失败或挫折后的悲伤，都应该被自然地表露出来。这样的情绪表现不仅是人类的基本欲望，而且也使人类区别于其他动物，活得更像人类。

但是"男子汉流血不流泪"这样压抑感情的教育，使我们国家的男人陷入了"感情停滞"的精神压力中。如此一来，在想哭却不能哭的时候，可能会产生忧郁、强迫症等情绪方面的障碍，以及过敏、假性障碍等生理上的副作用。另外，对和自己抱有不同想法的人会产生敌视心理，这也可以说是"感情停滞"带来的消极影响。

根据马兹教授的理论，德国的统一对于前西德和前东德的国民来说，都剥夺了他们克服"感情停滞"的机会。前西德人面对前东德人时，优越感使他们不停试图用说教来摆脱"感情停滞"；而前东德人面对前西德人时，因为自卑和挫折感使他们对更软弱的外国人施暴，以求摆脱"感情停滞"。但是他们各自采取的方式都无法化解自己心灵上的障碍。

能够解决"感情停滞"最有意义的方法就是"内心民主化"。所谓"内心民主化"，是指一种认识到自身的情绪障碍，知道自己属于缺乏症候群，并不对他人造成伤害的方法。按照这个方法，人们即使内心无比悲伤，但为了获得他人的接纳和认可，仍需要一定的忍耐。否则，就可能会产生偏见、敌视，以及暴力。"内心民主化"可以通过"治疗性文化"得以实现。"治疗性文化"，

是指可以与情绪一起被共有的文化。它不需要强迫或压抑等方式，而是一种通过"情绪共有"来实现的"沟通"。

现在对于我们来说，最迫在眉睫的就是寻找到可以通过与他人"情绪共有"实现"内心民主化"的途径，即"治疗性文化"。有趣的是，这种文化也是以理论体系为基础的知识型社会的发展动力。

知识分为两种，即"显性知识"（explicit knowledge）和"隐性知识"（tacit knowledge）。我们通过会议或知识管理系统想要传达、共有的就是"显性知识"，即可以转化为句子、文章等语言体系的知识。会议上关于经营方面的争论、关于技术技巧的探讨等，都可以算作"显性知识"。

经营者们每日、每周、每月定期举行的各种会议，就是他们为了共有这种"显性知识"而做的努力。会议可以说是共有这种"显性知识"非常重要的手段。但是"显性知识"却不是只有通过会议才能被共有的知识。有时习惯性反复举行的会议反而会对共有"显性知识"造成障碍。所以才会有这样一种说法，"越是要倒闭的企业，开会的时间就越长"。这可不是我说的，而是哈佛大学相关学科提出的报告内容。

"显性知识"有时会通过电子邮件或其他公事文件进行传递，每天被共享的信息量非常大。但是我们应该明白，"显性知识"必须基于"隐性知识"才得以被共享。日本学者野中郁次郎教授（Ikujiro Nonaka，*日本经营策略学者，被誉为"知识创造理论之父"。——译者注*）当年将"隐性知识"与"显性知识"区分开，曾在学界引发了相当长一段时间的争论。但事实上第一个提出"隐性知识"的人是英国科学家迈克尔·波兰尼。

即使是可被人们看见的、客观明确的自然科学知识，也是以主体和客体之间的相互作用为前提条件的。这就是波兰尼教授的"人格知识论"（personal knowledge），而这一理论的核心内容就是"隐性知识"。他认为在所有知识共享的过程中，"传达"与"接受传达"之间都是以"隐性推论"为前提的，除去这种"隐性推论"，被传达的知识不过就是一种空洞的文字符号而已。到底波兰尼教授所强调的"隐性推论"或"隐性知识"的实质是什么呢？

　　其实就是"情绪共有"。但不论是波兰尼教授，还是野中教授都是根据推测得出"隐性知识"的实质就是"情绪共有"，并没有真正举例说明过这个问题。所以在这里，我想给大家举个例子。其实我们经常提起的企业文化，就是一种"情绪共有"被定型化的过程。

　　据说现代集团门前的酒馆与三星集团门前的酒馆，两者氛围完全不同。当我分别与在现代集团和三星集团工作的同学在两间酒馆见面聊过天后，切身感受到了那种差异。我与那两人都是大学同学，与其说是一起苦读的同窗，不如说是一起在酒馆混日子的酒友。他们在各自的公司里已经工作了近 20 年的时间。如今再相见，他们都已经变成与当年完全不同的人了。到底是什么原因使他们变化了呢？就是"情绪共有"的方式。

　　情绪，不仅仅包含了那些可以用高兴、悲伤等概念来定义的"名词性情绪"，还有像"深受爱戴的"、"心情激动的"等 "形容词性情绪"。但是最根本的情绪是通过人类五官切身感受到的"副词性情绪"。即使是同样的话题，说话的速度、声音的高低，以及说话人表情的不同，给人的感觉也是不同的。

　　所谓"副词性情绪"，是指通过五官传达并被感觉的情绪信号。即使是同一个词，也会因为讲出来时音调的不同而表达出不同的感情色彩，指的就是"情绪共有"中的"副词性情绪"。

　　想要很好地"情绪共有"，最先应该灵活运用的就是"副词性情绪"。高兴的时候，我们应该怎样共有这种高兴？而悲伤的时候，我们又应该怎样共有这种悲伤？

　　但这是否就意味着我们应该机械地去和别人共享高兴与悲伤呢？或者我们应该先从理论上说明我们应该高兴的理由，然后说服别人与我们共有这种情绪吗？都不是！这样的方式根本无法完成"情绪共有"。

　　应该是这样的，遇到高兴的事情时，我们拍手、欢呼、忘乎所以；遇到悲伤的事情时，我们互相拥抱、彼此安慰。有趣的是，在这个过程中其实我们是在互相模仿对方的表情、动作乃至声音。而恰恰是因为这样我们才有可能达到"副词性情绪"的共有。如果"情绪共有"的过程遭到破坏，乐趣也将随之消失。

乐趣，正是实现"副词性情绪共有"的条件。有了乐趣，彼此才能够进行相互的"情绪共有"。或者可以这么说，"性情中人"便是能很好地实现"副词性情绪"共有从而达到"情绪共有"的人。

"副词性情绪"，即用感觉去体验的"情绪共有"，我们可以把它比喻成水管。而我们想要传达的理论性"显性知识"就是水。水，要通过水管才能按照我们预设的路线流淌出去。如果水管某个地方漏水的话，那么水就无法顺利流过，可能会全部漏掉。同理，如果想让知识共有成为可能，就要从"副词性情绪"开始，形成一个灵活的"情绪共有"过程。当"副词性情绪"被灵活共有时，也就产生了乐趣。就像大家一起观看足球比赛，大喊"加油"的时候，只有当彼此的感官情绪被共有，才能共有"加油"这两个字的显性知识。那些企图省略"情绪共有"的过程，只想用工资来使别人服从自己的人，就像让水在处处是漏点的水管里流淌一样，最后什么也得不到。

今天韩国男人们经历的"感情停滞"要比德国的情况更加严重。因为这里的男人们不仅为了抑制肯定性的情绪反应而故意把嘴角向下撇，还因为无论怎么悲伤难过也都不能哭。

韩国的男人们好像已经被法律规定不准哭了。去高速公路服务区的卫生间里看看吧！男性小便器前面无一例外地都写着：

"男人不该流的东西，不只是眼泪！"

第一次看到这句话的时候，我简直快要窒息了，甚至连尿都被憋了回去。韩国男人们充满愤怒和敌视，时刻标榜"别惹我"的原因就是因为无论怎样难过都不能哭。但这种悲伤难过的感觉是绝不能靠高兴和愉快被释放的。

知道吗？

就是因为不能哭，韩国的男人才会那么短命。

"湖南"口音让人备感亲切

外国人都一致认为韩国人无礼。并且每次说到这个问题时还要补充说，韩国人即使走路时撞到了别人的肩膀，他们也从来都不会说"对不起"。好像真的是这样。

当我和老婆结束 13 年的德国旅居生涯回国时，几乎每天都会抱怨我们的同胞太无礼，而且不够亲切。"到底我们的国民为什么会如此无礼呢？"曾经有一段时间，我真的为此苦恼极了。但是经过仔细思考后我认为，韩国人并不是真的无礼，应该只是看起来无礼罢了。每当外国人提到这个问题时都故意提高音量说，"韩国人的教养水平有待提高"。当然，如果以一个位列世界经济十强国家的标准来要求，韩国人的确应该遵从世界普遍的礼仪和规矩。但是我觉得人们不分青红皂白指责我们无礼之前，应该先了解一下我们为什么会这样。

这是因为相互作用的原则不同。所谓的"西方近代化"，是指将"我"从民族、阶级、种族等各种形式的集团中解放出来，成为自由的主体。当然，完全地脱离这种集团的约束，成为自由存在的主体是不可能的。但是至少在近代，通过批判性的思考已经能够使人们认识到在集团中怎样保持"我"的存在。西欧式合理性的根据就是"我"这一主体的成立。只有存在了"我"，才有可能存在与之相对应的"你"。并且当"我"和"你"以平等的关系存在时，"我们"的概念才得以实现。

对于西方人来说，他人的存在就是作为"我"的对方——"你"。如果对作为平等主体的对方无礼的话，那就相当于对自己无礼。所以他们能与完全不认识的陌生人谈论天气，能够对着陌生人微笑并主动搭话。这全是因为认可"你"的存在就代表认可"我"的成立。马丁·布伯（Martin Buber，*犹太人哲学家、翻译家、教育家。——译者注*）在他的书《我和你》（*Ich und Du*）中曾指出，"我"

和"你"的关系，就是"我"存在的根据。而且他之所以认为"我"和"你"的关系是所有意义构成的基本单位，也是因为受到这种西方文化的影响。

而韩国人相互作用的形态与西方截然不同。我们不像西方人那样认为"我"和"你"是直接成立的。我们认为首先要有"我们"和"别人"的界限之后，"我"和"你"两种相互对应的主体才有可能存在。而在这之前的"别人"并不是应该平等进行相互作用的主体。所以在韩国人的观念中，即使无视"别人"也是可以的，因为"别人"不是我们关心的对象，对我们来说，"别人"和桌子、椅子，甚至空气没什么区别。

但是"别人"一旦进入到被称为"我们"的界限内，从那一瞬间起，"别人"就不再是别人了。也就是说，绝对不能再对他无礼了。因为从他进入到"我们"的界限里那一刻，他就具有了价值。也就是说，对于韩国人来说，"我"和"你"的主体性相互作用，是从"我们"这一主体概念成立的那一瞬间才开始形成的。

如果说对于西方人来说，只有"我"和"你"相遇后，才成为"我们"的话，那么对于韩国人来说，要首先形成"我们"之后才能成为"我"和"你"。

所以韩国人一般表达不满的心情时，都会这样说，"你怎么能这样对我呢？"或者"我们之间真的只能这样吗？"虽然发问的人是这么问的，但是在韩国绝对不可以也绝对没有人会这样回答对方，"是的。"因为一旦这样回答的话，就表明自己主动打破"我们"的关系，对方已经是"别人"了。

一旦成为"别人"，哪怕再努力，关系也很难被重新建立起来。所以韩国人中，大家都很珍惜"我们"的概念，一旦成为"我们"就不太容易被打破，并且真的能够做到甘愿为之两肋插刀的程度。因为韩国人认为"我们"之间就应该这样！

但这种从很久以前遗留至今的共同体，无论从哪方面看其解体都存在着必然性。因为这种以产业社会结构方式形成的共同体，必将无法在后现代社会继续存活下去。现在，曾作为韩国人存在根据的"我们"，它的城墙已经开始变形，甚至瓦解，所以我们应该创造出新形态的"我们"。但是现在的问题是作为对策的新形态的"我们"，还没有最终定型。也就是说，现在韩国人还没有适应新时代所要求的确认存在的方式。

　　我年轻时的岁月是这样度过的。每天学生都要站在操场上开早会，因为我们要明确自己的生活目标。

　　"我们是肩负着振兴民族的历史使命而出生在这里的。"

　　对于现代人来说需要挖空心思、用力寻找的生活目标，那时国家却简单明确地给我们下了定义。那时国民礼仪规定每逢星期一全校师生都要集合起来，一起喊口号、重复我们的使命。现在想来感觉那时真是荒唐可笑，但是如果想用现在的观点去判断和指责过去，需要谨慎地处理。因为这就像女权主义者指责我们信奉耶稣、释迦牟尼和孔子是推崇男性优越主义一样，这是轻率的判断，是不符合实际情况的。

　　《国民教育宪章》和国民礼仪，虽然充满了集体主义、民族主义和国家主义，带有浓厚的维持独裁体制的意图，但是这是当时的社会决定的。现在我们评价朴正熙（韩国前总统。——译者注）政权，认为他为了使国家摆脱落后而施行的一系列国民意识转变是非常有必要的。为了达到这样的目标，没有比改变意识形态更强有力的手段了。当时每天早上背诵"为国家而生"的情景，我至今仍历历在目。不仅是我，你问问所有在 20 世纪 70 年代还是学生的人，问他们为什么出生在这个世界，大部分人肯定都会非常自然地回答你，"因为肩负着振兴民族的历史使命"。或许有人会因为记混了《国民教育宪章》和《向国旗宣誓》而回答你，"为了祖国和民族的无限荣光"。

　　无论是国民礼仪也好，《对国旗宣誓》也好，在人们心中都衍生出了国家的概念和意义。所以直到现在，我每次听到国歌，心里都会有一种激动的感觉。有时我会一直开着电视，直到所有的节目全部播放完毕。这时，作为电视台结束曲的庄严的国歌就会响起。而且当奥运会上我们的运动员获得金牌，国歌响起时，我都禁不住热泪盈眶。

　　现在的年轻人对于国歌和太极旗的情绪反应，与我们这一代人有很大不同。特别 2002 年世界杯之后，年轻人对太极旗的态度已经转变到了让我们哭笑不得的程度。在这之前，太极旗是一件非常严肃、神圣的物品，是不可以随

意亵玩的。小时候，我们甚至都学过精心折叠保管太极旗的方法。但是年轻人为了使足球比赛更有意思，把太极旗做成了穿在身上的裙子、绑在头发上的发带、甚至还做成了无袖上衣。本应严肃对待的太极旗，现在却完全沦落成他们取乐的素材。

这是因为他们爱戴自己所属集体的方式发生了改变。当然，年轻的人们面对太极旗的时候也和我们一样会流泪，但是那泪水所包含的内容却与我们不同。他们所流的泪水不再饱含悲伤、痛苦，而是充满愉快和乐趣。因此，伴随着他们的情绪内容也必将变得不同。

意识之所以会变成强有力的文化现象，就是因为情绪的伴随。事实上，意识是从宗教的祭祀仪式中衍生出来的。在尚未出现国家、民族概念的古代，那时的社会集团只靠宗教礼仪之类的意识来维持。

那时，部族首领兼任宗教礼仪的最高执行者。弗洛伊德在宗教礼仪中对宗教和道德的起源进行了阐述和说明。他说因为儿子们对父亲独占一切感到不满，于是结成同盟将父亲杀害。但是儿子们又会因杀害父亲而充满罪恶感，并感到痛苦不堪。所以他们就通过崇拜象征父亲的图腾动物这种宗教礼仪来克服这种痛苦。根据弗洛伊德的说法，这就是宗教的起源。

另外，那时还规定禁止由一个人独占父亲的女人（包括母亲和姐妹）以及父亲轮回托生的动物（即图腾动物）。关于这些禁忌，是由几个儿子互相协商最终决定的。这样就从源头上杜绝了儿子中的任何一人重新登上父亲那个强有力的位置，独占一切的可能。并且他们还决定要通过定期的宗教礼仪对其进行反复的确认。根据弗洛伊德的这种说法，原始部族的秩序就是通过这种宗教礼仪来维持的。我想如果不是弗洛伊德，真是任何人都想象不出这样的解释。

不仅古代社会如此，即使是今天，意识也仍然是维持集团的强有力手段。尤其在韩国文化中，这种意识的作用更加明显。让我们看看这些被称为韩国集体主义的原型或者元凶的海军战友会、高丽大学校友会、"湖南"乡友会（本书出现的"湖南"是对韩国全罗道地区的别称，范围包括韩国光州广域市、全罗南道、全罗北道一带。——译者注）吧。

这三个团体为什么会有那么强烈的凝聚力？就是因为意识的存在。每个小区几乎都有一个固定的地方用作活动场地，只要活动时间一到，这些海军战友们就会身穿海军预备军服出现。在海军战友会上最让他们愉快并且享受的事情就是那被重复过无数遍的"抓鬼的海军"的故事。

高丽大学校友会也是一样。成员们聚在一起高声大喊"高大"。在外人看来，这真是一件非常荒诞可笑的事情。但是一旦进入到这个团体，熟悉这种意识后，就会发自内心地感到愉快和幸福。不久前我曾去高大经管学院作演讲。演讲一结束，那个场地紧接着举行的就是新生欢迎会。其实这种迎新会只有一项活动。

就是一起大声喊口号。领喊者说"为了……"，其他人全部紧跟着喊"高大！"就这样，不断重复"高大！高大！"，然后就是"高大！高大！高大！"

在延世大学，情况也相似，只是把"高大"换成了"延世"。学校就是利用这种方式，让学生们在一起高喊口号，然后在情绪上得到无比强烈的冲击感。并且还要大家轮流喊，喊错的人罚酒，足足可以进行三个小时。这在其他人看来，简直荒唐得不行。但是沉浸其中的人却通过学习这种意识，确认了自己的归属感，并且将其不断扩大。不管别人说什么，他们都觉得自己是幸福的。因为他们已经非常了解自己属于那个地方的原因了。

"湖南"乡友会也是一样。韩国南道特有的意识在语言方面也表现得淋漓尽致。他们讲话的时候，会带有一些特别的、专属的口音或者地方用语。因此，"湖南"人不论走到世界哪个地方，都能很容易地把对方认出来。这种方式的交流也成为了使他们凝结在一起的、强有力的"情绪共有"手段。

虽然海军战友会、高丽大学校友会和"湖南"乡友会这种集体主义应该遭到批判。但是这三个团体培养出来的集体意识与文化，却确实证明了通过"情绪共有"可以组成并维持共同体的道理。

写到这里，我突然产生了一个想法。如果"湖南"人考上高丽大学，然后又去海军服兵役的话，那可怎么办呢？这真是一个恶毒的想法啊。

第 5 章

你到底为了什么而活着

나는 아내와의 결혼을
후 회 한 다

连国家情报院都不知道，是我统一了德国
坚守原则的德国空姐与随机应变的老婆
为自己的生活制造一些纪念日吧
请不断自省并寻找到属于自己的乐趣
感叹，是人类区别于动物的特征
我们都为感叹而活，不是吗

连国家情报院都不知道，是我统一了德国

众所周知，影响了整个 20 世纪的那场冷酷的意识形态斗争已经结束了。然而，在德国统一这一轰动全世界的事件背后，却隐藏着一个鲜为人知的故事。

1989 年 11 月 9 日，柏林墙被推倒的那天夜里，大批的前东德人越过边界，来到西柏林，排着长长的队伍，为的是拜见一位韩国人。对于这样一位影响非凡的人物，韩国国家情报院直到现在也一无所知，甚至连统一部也完全被蒙在鼓里。

柏林墙刚一被推倒，那些前东德的居民便迫不及待、马不停蹄地马上向西柏林施潘道的郊外大批涌来。那个地方有一个难民收容所，头年夏天他们越境逃出前东德的亲人此刻就生活在那里。

但是，难民收容所的铁门却被死死地锁着。因为晚上七点以后，只有得到夜间警卫员的许可才可以进出，所以他们在难民收容所外面排起了长长的队伍。

此时一位身材矮小、长着东方面孔的夜间警卫员一直顽强地坚守在铁门外面，"因为没有上级的指示，所以不允许进出"。这位夜间警卫员就是之前提到过的那位韩国人。善于察言观色的他能够察觉出各种不祥的征兆。而那个警卫员——就是我。

当时在西柏林留学的韩国留学生中，最受欢迎的兼职就是夜间警卫员。因为只要每个周末坐在工厂或机关的警卫室里学习，就可以轻松赚得一个月的生活费。就是在做这份夜间警卫员的工作时，我亲身经历了德国统一这样一件轰动世界的大事。

当时，无论我怎么努力用无线电报向总部办公室请求指示，都得不到任何回音。于是我坚持站在紧锁的难民收容所铁门前，而我的对面就是越来越长的前东德特拉比汽车长龙。发动机只有两个汽缸的特拉比汽车发出的特有的刺鼻尾气，让我当时简直快要坚持不住了。

突然一个年轻的家伙来到了我的面前，这人比我高出一头。这家伙冷不防地掏出手枪对准了我。看起来他已经忍无可忍了，一个看起来并不强壮的东方人竟然挡住了自己与亲人的历史性重逢。说心里话，被枪口抵在肋下的感觉真的挺特别，就像刮胡刀穿破厚厚的衣服刺了进来一样，以前我从未有过这种感觉（呵呵，这当然是废话）。我吓得后背一下子就冒出了冷汗。

那一刻，我想起了我那"为振兴民族而生的历史使命"。由此可以看出，背诵教育真是一件可怕的事情。我觉得我有义务在今天重现我们大韩民国"闪光的民族精神"，但是又清楚意识到我不过是在地球另一端一个默默无闻的夜间警卫员，我不是为了挨子弹挂掉才出生的。于是，我乖乖地把铁门的钥匙扔给了那家伙，然后拼命地往回跑。我记得当时脑海中还浮现出人们为了躲避子弹而在芦苇丛里来回穿梭的场景。我好像曾经在哪里看到过这样的场景。

第二天，我就被解雇了。

德国统一，真的是一出滑稽荒唐的闹剧。

1989 年，前苏联的戈尔巴乔夫强调，前苏联的改革方案同样适用于各个东欧社会主义国家。这个看起来自信满满的说法，其实潜台词是"我们自己吃饭都成问题，你们就自己看着办吧"。

那年夏天，匈牙利和捷克斯洛伐克相继开放了与奥地利交界的边境。到了夏季，很多前东德人都假借去邻国旅游而越过匈牙利和捷克斯洛伐克的边境线出逃到了奥地利。前东德政府马上采取了紧急措施阻止这样的情况再次发生，但是却招来前东德人民每周高喊"旅行自由！言论自由！"的示威游行活动。但其实这些人反对的绝不是前东德的"社会主义体制"，因为大部分示威队伍都在高喊要求"人性的社会主义"。

但是意外在完全意想不到的环节爆发了。

夏天结束，一直到秋天，示威游行都还在持续进行。那年的 11 月 9 日晚上，前东德政府终于公布了对于旅行自由化的政策修订法案，但是其实内容与之前相比并没有太大的改变。所谓特别的内容就只是护照申领时间缩短了而已。晚上 6 点 58 分，前东德共产党新闻发言人冈特·沙博夫斯基举行了记者见面会，公布新政。但是，其实沙博夫斯基根本就没有参加那次"旅行自由化政策会议"，所以连他自己都不知道将要公布的内容是什么。

当他宣读新的"旅行自由化政策"时，一位来自意大利的记者问他，新政策从什么时候开始执行。对于新政策也不是很了解的沙博夫斯基，呆呆地、不经思考地脱口而出："从现在开始！马上！"

当时大部分德国记者都在为没有什么实质性内容的"旅行自由化新政"感到沮丧。但是那位德语不是很熟练的意大利记者却在记者会结束后马上向本国发去了急电——"推倒柏林墙！"紧接着美国的记者们也相继发回了"明天开始东柏林的人就可以穿越柏林墙去前西德"的消息。那天夜里前西德的电视中交织着各国的海外报道，全是"前东德终于开放边境了"之类的乌龙报道。

看到新闻的前东德民众刻不容缓马上涌向了柏林墙。他们出于好奇想要亲自去确认一下是否真的可以立刻去前西德旅行。虽然遭到了边境守卫队的阻拦，但是他们振振有词地质问那些士兵："难道你们没有听新闻吗？"被弄糊涂的边境守卫队最终只好给他们闪开了一条路，一部分前东德人开始骑上、翻过柏林墙。还有一部分兴奋的民众干脆带着斧头和锤子出来，动手拆柏林墙了。而墙的另一面，西柏林的年轻人们也开始用锤子敲打着墙壁。

历史常常就是这个样子。

如果没有沙博夫斯基那荒诞的新闻发布会，也许柏林墙根本不会那么轻易地就被推倒。而历史就是这样没有按照一个必然的因果关系来发展，却以如此荒诞偶然的方式进行了演变。我想，朝鲜半岛的问题显然也不会是例外。

"知识分子无法成为革命的主体！"

现在在南大门开眼镜店的史学系师兄，当年曾十分肯定地这样说。"因为价值是从'劳动'中获得，所以知识分子创造不出价值来。而价值也不是由资本创造的，所以那种资本家以主人自居的资本主义也应该灭亡。社会变革的主体当仁不让就应该是劳动者。""那么作为大学生的我们也不能成为历史变革的主体吗？"慷慨激昂的师兄回答说"不能"。因为我们创造不出价值来。

20世纪80年代初，在安岩洞社会学系的炳玉君家门口，狭窄的胡同笼罩在冰冷的冬雾里，那雾就像当时的我的心情一样沉重。现在已经是"经济正义实践市民联合"（**韩国一个致力于实现所谓"公正分配社会所得"的市民运动团体。——译者注**）事务总长的炳玉君，那时只是一个满脑袋卷毛的小子，他把藏在被窝里的文件小心翼翼地拿出来，是《韩国社会阶级结构分析图表》。我们在高丽大学经管学院后门的复印社里各自把那个文件复印了一份。店主大叔故意装做什么都不知道似的，回避到旁边的一个小屋里去了。回到胡同后，我小声自言自语："只有劳动才能创造价值。"

马克思是正确的。在产业社会中，价值与投入的劳动时间是成正比的，所以说勤勉和诚实可以创造出价值。但是随着社会发展得越来越复杂，价值也出现了分化。从而产生了衡量商品价值的"使用价值"和"交换价值"，即货币。问题是交换价值和使用价值从此不再一致了，这就是资本主义式的价值扭曲。它将商品生产的全过程与劳动者被压迫的现象连接了起来。不仅如此，它还误导民众，制造价值是由资本创造出来的假象。这就是马克思主义价值论的核心内容。

如果忽略掉马克思社会变革意识形态中的后期理论，我们可以发现朴正熙时代的"新村庄运动"是非常马克思式的。因为那时人们凌晨就起床，信奉"多劳多得"。所以可以说，马克思的剩余价值理论与朴正熙时代的"新村庄运动"、朝鲜的"凌晨看星星运动"和"千里马运动"，都是基于相同的哲学基础。虽然这种充满争议的"左派政权"最终还是结束了，但是现在李明博（**现任大韩民国总统。——译者注**）政府鼓吹的"早起的鸟儿有虫吃"理论，从文化心理学的角度看，可以说是倒退了，回到严重的左派思路上去了。

20世纪后期，前苏联解体，新兴的东欧社会主义阵营随着德国柏林墙被推倒而开始分崩离析，到了21世纪甚至一点痕迹都没有留下。20世纪初期盛

行的马克思主义理论，也在 21 世纪的欧洲大地上消失得无影无踪。我认为这决非偶然，因为在 21 世纪，价值已不再绝对由劳动时间创造出来。如果我们再生搬硬套马克思的剩余价值论，显然不合时宜。柏林墙的倒塌虽然是由前东德共产党新闻发言人的失误所造成，但是其背后的确蕴涵了无比巨大的精神变化，具有划时代的意义。

所以说，历史不是偶然的。

时代精神（Zeitgeist），不再仅仅与自由、民主这样严肃的词语联系在一起。乐趣和幸福才是 21 世纪的时代精神。德国的统一非常清楚明白地向我们证明了这个时代精神的变化。

德国统一，虽然是由政治人物的偶然失误造成，但那只能算是整个事件的一个导火索。从更大的框架来看，它标志着 20 世纪标榜的价值观——"勤勉、诚实"的没落，同时也预告了 21 世纪"乐趣"和"幸福"这种全新的价值观的登场。从文化心理学的角度来看，东欧社会主义阵营瓦解的原因很简单。

那就是因为没有乐趣。

由于前东德人民对拥有更多乐趣的社会政治体系抱有憧憬，最终导致了前东德的没落。当时与其他社会主义国家相比，前东德绝对不是一个贫穷落后的国家。1989 年前东德的国民人均收入就已经达到一万美金，超过当时的韩国两倍以上。

如果问前东德人民真正想要的是什么，只要观察统一后他们最先做的事情就知道了。柏林墙被推倒，他们进入前西德的第二天，前西德市内的所有情趣商店就都被前东德人挤得人山人海。记者采访那些从情趣商店里走出来的面色绯红的前东德人，问他们此时是什么感觉，他们这样回答："大家都认为资本主义应该灭亡，没想到社会主义却先解体了。"

曾经只把性当做是劳动力再生手段的前东德现实社会主义，一直以来都忽略了人类欲望中最重要的部分。"人类怎么会每天都是发情期呢？"这是他们以前的想法。

另一方面，资本主义却看破了人类把性当成是一种乐趣、一种最愉快的游戏的心理，并且非常巧妙地将其商品化。结果，到了今天，资本主义的所有商品中除去"色情"和"性"的部分，几乎就所剩无几了。

统一后，前东德人纷纷购买前西德生产的汽车。以至看起来好像他们就是为了买前西德汽车才推倒柏林墙似的。前东德人聚在一起的时候，谈论的话题也全是围绕新买回来的汽车。其实前东德曾经一度拥有世界上技术水平最高的汽车——特拉比汽车。1957 年开发的这款汽车，在当时是一件具有划时代意义，代表了前东德当时的汽车技术水平的产品。虽然只有两个汽缸，但是却可以达到时速 120 公里。"油耗低、高强度塑料车身外壳"，这些当时可以说是全世界谈论的焦点。但是这些成绩也只到那时为止。

前东德共产党认为，"比特拉比更快的汽车就是资本主义式的奢侈品"，"社会主义人民不需要比它更漂亮的汽车"。直到柏林墙被推倒，特拉比的设计也一次都没有升级过。当然，也从未进行过提高速度的技术开发。

在这期间，前西德的奔驰、BMW，还有大众，每年都会开发出很多新款车型。这些车时速甚至可以达到 200~300 公里。在西柏林和前西德连接处，横贯前东德境内的无限速公路上，开着特拉比的前东德人就只能眼巴巴地看着这些新款车出神。所以德国一统一，他们马上就把特拉比锁进农场的仓库里，然后直奔前西德那些崭新发亮的新车，并开着新车向着西欧奔跑去。

说心里话，我认为买时速超过 200 公里的车其实没什么实际意义。但是在速度没有限制的无限速公路上曾跑过时速 200 公里的人肯定知道那份用指尖感受到的乐趣和激动。所以现在我也已经开始为这无意义的勾当做准备了。东欧社会主义的没落，从文化心理学角度分析，理由就是这么简单。因为它们压抑了被称做 21 世纪时代精神的"乐趣和幸福"。

也许人们以为，面对无法创造出情趣商店和更快的汽车的东欧社会主义的没落，那些曾"尽全力的知识分子"们会撇起嘴巴。但是实际上他们不会的。因为他们已经从非常具体的感官体验中尝到了作为人类的乐趣。感觉上的变化可以直接引发意识形态上的变化。东欧社会主义的失败就在于无法创造出可以用具体的器官感觉到的乐趣和幸福。而资本主义甚至可以将人的口味改变。一

些在朝鲜出生的老年人，原来曾那样怀念原汁原味的平壤冷面，但是现在他们却认为首尔周边的冷面味道更好，原因就在于此。

把乐趣和幸福商品化并大获成功的资本主义，最终的结局我们现在还看不到，但是可以肯定的是，有时它们也会误导人类的感觉。可是那又怎么样呢？资本主义会想，"东欧的社会主义已经灭亡，而我们却依然完好无损"。因此看起来暂时也没有比资本主义更好的对策了。我对目前韩国社会中的奇怪的意识形态完全没有想法。我只关心怎样用心理学的观点去解释韩国男人们现在为什么过着这种充满愤怒和敌视，又毫无乐趣可言的生活。

现在人们抱有对更优越的社会意识形态的憧憬，这就意味着在将来，**迟早有一天，我们会主动站起来，去寻找**"为什么我们生活得这么没有乐趣"的答案。这才是我所关心的。

坚守原则的德国空姐与随机应变的老婆

不久之前，我和老婆去了趟德国。经慕尼黑飞往柏林的飞机上空荡荡的，没有几个人。老婆这次专程飞赴德国是为了洽谈与萨尔茨堡的大学之间共同开发合作幼儿音乐教育的相关事宜。"日理万机"的老婆把她带来的全部文件都打开，足足铺满了与她相邻的三个空位。

但是飞机一起飞，她就马上闭起了眼睛。除了吃饭，整个飞行期间她一直都在睡觉。

但是这奢侈的享受也仅仅只能在去程的飞机上体验一下。因为当我们办完所有事情动身回国的时候遇到了意想不到的情况。因为在德国所有事情都进展得很顺利，所以我们俩心情美美地登上了飞机，原以为迎接我们的还是与来时一样宽敞的空间。可是没想到，一走进机舱就发现经济舱里已经座无虚席，我们俩勉强走到自己的座位上。故事就从坐在我们旁边的一对抱着婴儿的年轻夫妇开始了。

因为按照规定，未满两岁的婴儿不需要购买机票，所以大部分年轻夫妇都会直接把孩子抱着。不过乘务员们一般也会尽量安排他们坐到最前面，或是空间比较宽敞的座位上。

但是，看起来德国航空的乘务员们全然没有主动处理这种麻烦的心思。何况现在机舱满得不得了。在飞机起飞前，那个小孩就开始大哭大闹。坐在狭窄的座位上，那位年轻的妈妈显得非常局促，根本无法挪动身子，只能手足无措地憋得满脸通红，却又不知道该怎样改变这种状况。

实在看不下去的老婆叫来了乘务员，问她可不可以把这位带孩子的妈妈换到前排的座位上去。每次老婆都是这么爱管闲事。留学期间经常遇到类似情况的老婆，好像对乘务员的权限和能力范围很了解。但是德国的乘务员却斩钉截铁地回绝了她，"Nein"，也就是不行的意思。

老婆当场就发火了。因为在德国生活期间，我们最受不了的词就是这个"Nein"。无论什么时候去德国的政府办事处办事，德国公务员们的回答都是千篇一律的"Nein"，好像不说"Nein"他们就根本不知道该怎么开口说话似的。而德国公务员们也似乎就是为了说这句"Nein"才坐到那个位置上。无论怎么和他们理论，得到的都是长篇大论的"Nein"的理由。

以下就是老婆和乘务员的对话。

老婆："就算没有空位置，起码都忙去问问前排的人是否愿意掉换一下座位，也算是表达一下你的诚意啊！"

乘务员："Nein！前排座位的客人也是通过提前预订才得到那个座位的，而不论是这位带小孩的父母，还是那个座位上的客人，对我来说都是平等的客人。这只能算是孩子妈妈的错误，因为她没有单独给小孩购买座位。"

老婆："这世上哪有会单独为一个婴儿购买座位的人？商务舱里也全满员吗？"

乘务员："没有，还有座位。"

老婆："不可以让这位带小孩的妈妈坐到商务舱里空着的位置上吗？"

乘务员："Nein！商务舱的座位是只有支付昂贵的商务舱费用的人才能坐的，不是这位带小孩的妈妈因为自己稍微不便就可以掉换的座位。"

老婆："可难道面对这种情况，你就不可以稍微有点同情心，通融一下吗？"

乘务员："Nein！我也没有办法。那是我权限之外的事情。我只是按照乘务员的服务规章来执行。"

老婆："你们的负责人是谁？我要和你们的负责人谈一谈！"

完了，终于还是出现了。因为乘务员接连不断的"Nein"，忍无可忍的老婆终于拿出了她去德国办事处办事时惯用的撒手锏。可一说出这句"我要和你们的负责人谈一谈"，那就意味着想结束这件事，起码还得耗上两个小时。

乘务员把一位留着白色胡须、长得很帅的组长带过来。虽然这位长得很帅的组长的理由比乘务员要具体一些，但是表达的意思基本一致。

组长："这位母亲的情况我已经知道了。给她掉换个座位问题不大，但是如果每次都这样给掉换座位的话，那就意味以后每一位抱小孩的妈妈乘坐飞机时都可以掉换到商务舱的座位上了。那样的话，我们所有的资费体系和顾客服务原则就都将被打破。"

老婆："世上哪有故意这样做的孩子母亲？世界上只有你们德国人才会对这些根本没有依据的事情感到担忧。这明摆着就是你们德国人典型的官僚主义！"

老婆毫不含糊地进行了一段慷慨激昂的关于民族主义的发言。现在事件已经升级到了两种世界观之间的矛盾了。"不论什么情况都应该遵守原则"的德国式原则，与"原则应该根据情况适时进行调整"的韩国式原则之间的对决。

事实上，德国人十分为其"坚守原则"的原则而自豪。德国汽车之所以那样结实耐用，也是因为这些原则。德国产汽车上所有的零部件都是严格按照规格进行生产，一寸的误差都是不允许的。甚至连老百姓家的玻璃窗规格也都是统一固定的。所以根本不用自己单独特别去定做窗帘。百货商店里根据玻璃窗规格生产的各式窗帘应有尽有。

对于德国人来说，违反原则的事情是根本无法想象的。对于没有规划的未来，他们也会感到非常不安。所以他们必须把所能预想到的未来全部进行规划，并制订出能够解决预测中会发生的问题的方法。最后制订出适用于所有情况的指导原则，并要求大家共同遵守。他们经常把"法律就是方法"这句话挂在嘴边，目的就是用确定的原则防备不确定的未来。

德国 IT 产业的发展速度与他们所具备的发展潜力相比，可谓相当缓慢，其原因就在于此。因为这是一个无法预测的领域，而德国人是不会投资在一个无法制订原则来预防突发情况的领域的。相反，对于那些可以预测并相对稳定安全的，例如汽车之类的机械产业，他们则会全力进行投资。所以德国汽车销量始终名列世界第一。

与之相反，韩国的 IT 产业之所以取得了令世人瞩目的成绩，也正在于"可根据情况适时改变的弹性思维"和"甚至有点轻率的果敢"。这种果敢，一方面可以成为促进高速成长的原因，另一方面也可能成为使思路混乱的原因。

在德国生活期间，我曾经非常羡慕德国人的严密，并且一度认为我来德国应该学习的就是这些东西。而且事实上，我当年所学到的德国精神现在已经成为我思考体系中最为重要的基础了。但是这种德国式的原则和严密却在一瞬间坍塌了，就是因为那场我亲身经历的、德国历史上非常重大的事件，之前我曾讲过的德国统一事件。

德国统一，居然发生得非常偶然。

但是让我感到更难以理解的是，"德国在非常偶然的情况下统一了"这样一个事实，却直到今天也没有人拿出来公开谈论。维利·勃兰特（Willy Brandt，*德国政治家，在 1971 年获得诺贝尔和平奖。——译者注*）的东方政策，

到赫尔穆特·科尔（Helmut Kohl，*德国著名政治家。——译者注*）的实用政治路线，都无一例外地把德国的统一解释为是经过政治家们严密的外交能力以及数十年不懈努力的结果。但是这些都是在事件发生之后才做的"事后推测"，充其量只不过是事后诸葛亮罢了。也就是说，是纯粹的谎言。无论是历史学家，还是社会学者，大部分擅长的都是这种毫无用处的"马后炮"。

德国的统一其实就是个意料之外的突发事件。政治家们几乎没有对整个进程作出过任何贡献。只要亲身经历一下那个真实的历史现场，就会觉得德国人根本没有那么严谨，对未来也没有那么严密的掌控。如果没有那天晚上那位前东德共产党新闻发言人的失误，或者没有那位意大利记者那篇随随便便的乌龙报道，也许德国根本就不会统一。即使统一，那也是之后的事情了，而且绝不会是以那种方式实现的统一。

世上所有的事情都有可能脱离我们预设的轨道，而以别种方式发展。德国政府为了德国统一这样重大的事件，进行过无数严密的预测，制订了周密的应对方案，甚至不排除在迫不得已的时候以极端的武力方式来解决。但是真实的统一过程，却是完全出乎意料，因应当时的情况而发生的。德国式的原则论和严密，通常都是在所有事情都已发生甚至结束一段时间之后才开始发挥效力。所以黑格尔说"密涅瓦的猫头鹰总在黄昏之后起飞"（*这个比喻意在表达，哲学用反思为我们提供关于整个世界的普遍规律的正确认识，为其他提供理论武器。——译者注*）。

为应对不确定的未来可能发生的突发状况而制订的原则或者方案，本质上不过就是一种事后推测，一种为发生过的事情进行"意义赋予"和正当化的事后推测。当然，绝对不是说这种事后推测完全没有必要。因为没有"意义赋予"和正当化的过程，就无法维持共同体的秩序。但是从应对不确定的未来来说，比起原则论，情况论也许更灵活、更方便。一句话，西欧式的原则论，完全没有值得别人盲目羡慕、崇拜的理由。

个人的生活也是如此。原则论者所有的事情都要先经过预先计划、准备，然后才付诸行动。而情况论者呢？他们只要达到某个可以让他们满足的程度，就可以下决定并付诸行动。

购物的时候也是如此，从购买行为上看，可以分为两种人。一种人先在网上搜索调查个几天时间，然后再实际上街进行实物确认、比对价格，所有这些过程都走一遍之后才会采取行动把商品买下；另一种人则只要商品满足自己所希望的其中几个条件就会掏钱买下。

根据自己定下的原则，彻底权衡得失后才行动的原则论者，心理学称之为"最大化者"（maximizer），是指把无秩序的现状根据某个原则进行整理，并试图无论从哪方面都想要达到最大化的人。与之相反的情况论者，被称为"知足者"（satisfiser），因为他们只要差不多就会满足。

这两种人相比较，"知足者"更容易感受到主观的幸福，而且生活得也比较舒适安心。而"最大化者"则因为对完美主义的偏执和自责，对生活的满意度普遍较低。但是世界就是这么奇妙，它让这两种人搭配着生活在一起。大部分时候，都是情况论者惹出事端之后，由原则论者追在后面收拾烂摊子。

"到死也不能让抱小孩的妈妈坐到商务舱的空座位上"的那位德国航空乘务组长，和不停追究"凭什么有那样死板不合情理的原则"的我的老婆，在历经 1 个多小时的讨论后，终于达成了这样的共识：

孩子和妈妈可以坐到专门为乘务员准备的特别坐席上。这样既没有破坏那位长得很帅的乘务组长的原则，也可以满足想让孩子和妈妈坐得舒服一些的老婆的好心，真可谓是一个两全其美的解决办法啊！这个世界就是原则论者和情况论者通过互相协商、共同生活才得以运转发展下去。

可是并不是所有的问题都可以解决得了。一辈子都得与这样经常惹事的老婆一起生活，是我现在所面临的实际问题，也是我最头疼的问题。

所以，我后悔和我老婆结婚……偶尔吧。

柏林库达姆大街上凯宾斯基酒店的露天咖啡厅

　　在萨尔茨堡生活的卡拉扬，每逢有柏林爱乐乐团演出的日子，他都会亲自开着他那辆保时捷来凯宾斯基酒店。偶尔他也会和戴着黑色太阳镜、有着一头金发的漂亮妻子一起坐在这里喝咖啡。我也和老婆一起来过这个露天咖啡厅。我呢，总是会小声嘟囔，在这种露天咖啡厅里就应该与一位漂亮的金发女人坐在一起。而坐在旁边喝着咖啡的老婆也会小声说，在这种地方就应该与韩国著名影星张东健那样的男人坐在一起才对。好像无论什么时候，我们俩都不愿意随随便便地和对方应付过去。

为自己的生活制造一些纪念日吧

我认为没有比把钱花在酒馆里更冤的事情了。

因为喝完之后，第二天只有自己难受。那缠人的头痛至少要到第二天晚上才会慢慢开始消退。而且还有一个不得不说的事实，那些花在听酒友胡说八道的时间，其实是很宝贵的。只要在一起喝过几次酒，下回再一起喝酒的时候他们会说些什么我真是闭着眼睛都能猜出来。这真是一件让人发疯的事。可即使是这样，下次与朋友聚会的时候，还是要硬着头皮忍着，谁让我们是朋友呢?

但是真的还有一件让我忍无可忍的事情。

那就是，有的人明知道那些酒馆里的小姐总是喜欢在下酒菜的分量上动手脚，并且还会把敬给她们的很贵的酒偷偷倒入烟灰缸，却还是依旧给她们小费。我的朋友归贤君就是这样，他把在酒馆里花钱当成像吃饭一样再自然不过的事情。每次我们一帮人一起聊天，最后都会损他一顿。但是他还是死性不改，对那帮陪酒小姐比对谁都好。真是哀其不幸，怒其不争啊。虽然是很多年的老朋友，但是就这一点，我始终无法理解他。

不过，无论是谁都会有一些他人无法理解的怪癖。当然，我也有。

我的怪癖就是喜欢买笔记本、钢笔之类的文具用品。特别每次去国外，我都一定要买一支高档的钢笔带回来不可。老婆每次看到我在家里收集的一堆钢笔，心里就会很不痛快。但是老婆根本不知道，写字的时候，当钢笔水从钢笔的纯金笔尖中流淌出来，落到纸上的那一刹那，那种感觉简直妙不可言。

平生第一次对异性产生的悸动，缘于那个进明女高中生的发丝，直到现在想起来还会让我激动得颤抖。那女生的发丝中散发着一股 Dial 香皂的香味。对我来说，钢笔水的香味就是那个 Dial 香皂的味道。

每天早上我都会把那个收集钢笔的箱子打开，挑选一支当天要带的钢笔。

161

从来不会忘记，天天如此。这已经成为我早晨的习惯了。每天早上老婆看着正在挑选钢笔的我的后脑勺都免不了一顿冷嘲热讽。这也是老婆每天早上的习惯。

但是我知道，这就是老婆爱我的表现。当然这也可能是我自己自作多情的想法。但是我只能这样想，心里才会舒服一些，自我安慰吧。无论是谁，如果想与一个女人永远生活在一起，那么就要尽可能多地培养些自我安慰，让自己愉快起来的能力。

最近我有了一支固定随身携带的钢笔。那就是我从日本买回来的竹杆钢笔。几年前我在日本早稻田大学度过了一年的"安息年"。那时定期去文具用品商店扫货是我唯一的乐趣。有一次我很偶然地看到一本专门为钢笔迷们准备的杂志，一张图片让我瞬时两眼放光。因为我发现了一支用竹子做的钢笔。

从小，钢笔就是谨慎、内向的我最好的朋友。那时没什么朋友的我经常放学回家后，就用笔尖和各种管子做各种各样的钢笔玩。也正因此我的手上总是沾着一块一块的钢笔水墨迹，校服的前胸部分也总是有洗不净的钢笔水印，看起来脏兮兮的。那时我还试图用一个竹制的针管做钢笔呢。

但是没想到当时梦想中的竹杆钢笔，几十年之后我居然在东京发现了。我的心情怎能不激动呢？当时为了找到这卖竹杆钢笔的地方，我翻遍了所有的钢笔杂志。没想到在涉谷地区一个破旧的小胡同里，竟然有一家非常高档的钢笔专卖店。一位只有声音还算可爱的女店员，带着白手套、像捧骨灰盒一样捧出了那款钢笔。当我的手指接触到那竹子做的笔身时，那种感觉真是妙不可言！

这款钢笔选材自专门制作高档笛子用的京都竹子，由日本著名的制笔师傅手工打造而成。因此价格相当昂贵，甚至比万宝龙的特别珍藏版钢笔还要贵。但我还是毫不犹豫地买了下来。现在我终于拥有了儿时就梦想得到的竹杆钢笔，这种高兴之情真是难以言表。

弗洛伊德说过，"儿时的梦想如果能够得以实现，那将是人一生之中最大的幸福"。**因为不论是多么微小的一个儿时愿望，如果得不到满足的话，总会在其未来的生活中留下某种形式的遗憾和阴影。**但是，竹杆钢笔对我来说，并不仅仅是一个单纯满足愿望的手段。

　　每次抚摸那竹子上的竹节，都会使我不知不觉地开始反省那些被自己刻意压抑的恐惧和不安。我那无处不在的恐惧，其实就是害怕年纪的增长。我从40 岁开始就莫名地产生了一种非常可怕的年龄危机感。

　　"我怎么就到了 40 岁呢?!"

　　40 岁那年，我几乎每天都在一边重复这句话，一边深深地陷入到绝望和无助当中。

　　但是，似乎从那年以后，时间就开始以我根本无法承受的速度向前疯跑。我开始谢顶，长出白头发，有时还会在卫生间里突然就看不清报纸上的小字了。当然，啤酒肚也出来了。现在站在洗澡堂的镜子前，我觉得自己的样子已经连一点"阳刚之气"都没有了。以这个速度发展下去，过了多久我就到了 50，然后转眼又到 60。每次想到这些的时候，我都感觉胸口像被什么堵上了一样，有时真的以为自己就要窒息了。

　　比我更先进入这种中年危机的师兄前辈们，提到这事也是"嗨呦嗨呦"地长吁短叹。唉，深深感到岁月如梭的我，真是非常恐惧。这时，这支竹杆钢笔就成了我克服恐惧的得力助手。

　　就像这支竹杆钢笔身上的竹节一样，我们生活的时间也可以通过制造一个一个"竹节"来进行控制。对时间流逝的恐惧会使人迷失方向，这是因为人们感到无法控制时间的速度。年纪越大，生活的速度越呈加速之势。我发明了一个公式来说明这个问题：1 天的长度 =1/ 年纪。

　　例如 10 岁小孩的一天的长度是 1/10，而 50 岁中年人的一天就是 1/50，也就是说更短了。根据这个公式，活得越久，人感觉时间流逝得也就越快。这个公式真的很形象，不过也仅仅只是一个公式而已，因为它无法解释出为什么时间流逝的速度会变快。

　　人年纪越大，时间流逝的速度就越快，每天的长度就越短。心理学家们试图用"回想效果"来解释这个原因。如果记忆中储存的内容多的话，那么就会感觉每天的时间长；如果记忆的内容少的话，则觉得短。

　　一般来说，一个人从幼年到青少年期间，其记忆中储存的大量内容是最清

晰的。所以很多老年人回忆起自己小时候的事情时会像昨天发生的一样那么清楚。但是被认为一生中生活得最忙碌也最认真的四五十岁的中年人，其记忆中就没有什么特别的事情了。即使不是很久以前的事情，他们能准确回忆起来的也不是很多。也就是说，虽然他们每天忙得四脚朝天，但是却没有几件事情是印象深刻的。

原因就是一句话，因为他们生活得没有乐趣！

小时候的圣诞节，青年时期第一次与女朋友一起度过的生日聚会，初吻等的记忆，大部分人在成年之前，大脑就已经被这些记忆装得满满的了。也就是说人年轻的时候，往记忆中储存新东西的过程十分活跃。但是随着年纪的增长，所有的事情逐渐都变得"就那么回事了"，因此他们感觉没有值得记忆的意义了。

给自己的经历赋予意义，就是给自己的生活制造"竹节"。生活只有在产生"竹节"的时候才能让人感到活着真正的意义。而制造"竹节"指的正是制造"纪念日"之类的东西。我的青春之所以过得有滋有味，像活鱼一样活蹦乱跳，全是因为那时的时光被各种各样的纪念日填满。

看看现在年轻人的生活吧！全部都是纪念日。日历上密密麻麻的红色节日他们还嫌不够，什么恋爱一百天、两百天这样特殊的日子也要纪念庆祝一番。当然也不会放过西方的庆祝节日，像情人节、白色情人节等各种名目的纪念日也都要通通庆祝。并且这样还不够，他们又创造出了"炸酱面节"、"光棍节"等各种各样的节日活动。如果谁说这些只是资本主义的商业炒作，那只能说这个人的想象力真是太落后了。

实际上春节、中秋节这些传统的节日也是一样，都是人们为了抓住像飞梭一样转瞬即逝的时间才制造出来的。通过庆祝，人们感觉好像时间可以被重复，而在每一次庆祝的时候，自己都可以统治支配时间。所以庆祝是人类一种很高水平的提高自身生活控制力的文化战略，它让人感觉自己具有使一路狂奔的时间一次次被重复的能力。

但是年纪越大，生活中的纪念日就越少，甚至全部消失。圣诞节的夜晚，我会看着美国老电影，然后慢慢就睡着了。中秋或春节也只是从超市里买点豆沙馅年糕或打糕汤之类的东西象征性地应一下景，对付一顿晚饭就搞定。就连好不容易盼到的夏季连休也只是解恨式地消磨时间罢了。生活没有总结性的标志，没有"竹节"，自然也就只能感到时间流逝的速度越来越快了。

竹节可以帮助中空、纤细的竹子长到 20~30 米那么高。因为有了密密麻麻、结实的竹节，竹子才能在长高的过程中不至于折断。而有"竹节"的生活也会富有意义地慢慢延续下去。那是因为可记忆的事情增多了。

但不要以为什么事情都可以作为"竹节"，千万不要产生这种错觉！

社会地位或关于政治事件的记忆是不会提升自己生活的价值的。与自己无关的记忆只会使时间流逝的速度变得更快。没有"竹节"，就那样蹭蹭"往上长"的生活，迟早有一天会从中折断。而想把"折了"的生活再重新直立起来，可不是一件简单的事情。

只有在生活中有目的地为自己营造一些值得记忆、有意义的事情，时间流逝的速度才会慢下来。试着为自己今年计划一个完美的独自休假计划吧！试着为自己从来没有过"竹节"的生活创造一次"竹节"吧！

独自去一趟旅行，去看看破旧的农村土墙，边走边左顾右盼，怎么样？一个人登山、一个人吃饭、一个人看电影，感受一下彻底的孤独，怎么样？或者每天都找一家氛围很好的露天咖啡厅，坐在角落里，拿出钢笔和皮质笔记本把自己日常的"竹节"记录下来，你觉得怎么样？

说不定还会出现让你完全意想不到的惊喜，可以找回消失已久的"阳刚之气"哦！

请不断自省并寻找到属于自己的乐趣

没有比无法获得存在感更可悲的事情了。心理学中将确认自我存在的方式称为"身份"。而人们渴望确认自己的存在并为此进行不停的努力就是生活的

意义。但独来独往的人，是无法获得存在感的。

所以人们试图用各种各样的方式去确认自己的存在，工作、社会地位等都是人们常用的方式。但是这世上只有傻瓜才会用社会地位来确认自己的存在。因为社会地位是肯定会发生变化并迟早有一天会最终消失的东西。无论多么高的社会地位，最长也就只有十年。而像我们韩国的总统，因为不允许连任，所以最多也只有五年，卸任后直到死去的那天，他们也只能戴着"前总统"的头衔了。而我觉得世界上最悲惨狼狈的事情莫过于戴着过去的光环走向未来。

如果想知道我一直是以什么样的方式来确认自己的身份，那么只要问问我身边的朋友就可以了。只要指着我，问我的朋友："那个人是谁呀？"

"啊，那个人啊，他就是年轻有为的公司专务啊。"

"某某集团的 CEO 啊。"

"一个拥有尖端技术、实力雄厚的中型企业的社长啊。"

如果从我朋友的口中得到的是这样的回答，那么我的未来可能就会很悲惨了。即使现在非常成功，那也很快就要走下坡路了。谁让我用社会地位来确认自己的存在呢？人一旦这么做，那么他就会为了保住这个社会地位而煞费苦心地不停努力。因为他害怕有一天社会地位消失的时候，自己的存在也将随之消失。

因此，这种人的生活除了忍耐、忍耐、再忍耐之外，根本不会有任何快乐、有趣的内容。自己无法成为自己生活的主人，自然也就不会再出现任何具有创意的想法了。而那些以权力的有无来确认自己的存在的人，很难从这样的生活方式中养成足以改变他人心意的领导能力。所以这种人很快就会被老板炒鱿鱼，并从此一蹶不振。

正确的自我确认方式应该是找出自己喜欢的事情、觉得有乐趣的事情。一旦人们用自己喜欢的事情来确认自己的存在，那么无论社会地位怎样变化，他们都可以毫不犹豫地找出自己的定位，进而确认自己的存在。

而所谓自己喜欢的事情，并没有任何限制，无论什么事情都可以。可以是听鸟叫、看蚂蚁搬家，也可以是听流行歌曲，或听听舒伯特的音乐，无论什么都可以。

当自己犹豫不决的时候、当分不清"我"和"非我"的时候，只要能使自己的心理免疫系统启动起来，保持自己内心的恒定性，无论做什么都可以。所以在不伤害他人的范围内找出自己喜欢的事物，这就是我确认自己的存在的诀窍。

享受闲暇时光，在希腊语中称为"scole"。但是这个希腊单词发展到今天却演变成了两个意义相反的词语。一个是表示"休闲"的"leisure"，另一个是"school"，也就是"学校"。换言之，这两个意思完全相反的词语原来竟然源自同一个单词。

其实无论是休闲，还是学校，其本质上都具有"享受闲暇时光"这个相同的心理过程。希腊的大贤士们很早以前就知道享受休闲最好的方法就是学习。直到今天也是如此。他们最享受的事情就是学习。一定会有人说，这是什么鬼话？但是我要说，我们现在所认知的"学习"，是已经被歪曲了的学习，所以学习在我们眼中才会如此没有乐趣。

学校，应该是每个人找出自己真正喜欢的事情，然后专门学习这个事情的地方。这才是真正意义上的学校。在我看来，至少美国或欧洲的学校是在为这样的教育理念而努力。但是我们韩国的学校却沦落成只教学生"怎样赚钱"的地方。怎样上个好大学、怎样获得高收入的职位……我们的学校只关心这些事情。因此，无论从多好的大学毕业，无论拥有多么令人羡慕的工作，这些人可能穷其一生都不知道自己真正喜欢的是什么。他们被教育成只知道用社会地位来确认自己的存在的人，然而却永远不知道自己真正想要的东西是什么，自己的兴趣所在是什么。这样过了大半生，直到退休，他们才开始感到荒唐与后悔。

所以作为弥补，我认为对晚年最好的规划就是发现自己喜欢的事情，然后去学习它。现在我们差不多可以活到 90 岁。而职场最晚的退休年龄大概只到65 岁，大部分人都是 50 岁左右就退休了。那么剩下的 30 年时间我们到底应该怎样度过呢？退休后的人生也仍然是我们自己的人生，甚至可能是我们全部人生的三分之一，如果就那样等待死亡，实在是太可惜了。我在《东亚日报》的一篇专栏（2008 年 8 月 14 日）中曾看到一首诗，其中毫不掩饰地阐述了这个现实存在的问题。诗的题目为《一个九十五岁老人的手记》。

在我年轻的时候，
我曾非常非常努力地工作。
而那带给我的就是，
我的能力得到了广泛的认可，我获得了大家的尊敬，
并且在我六十三岁那年得以风风光光地退休。
但是在我九十五岁生日的今天，
我不知流下了多少悔恨的泪水。

我人生的前六十五年是无比自豪并堂堂正正的，
之后的三十年，
却时常感到惭愧、后悔、痛苦。

在我退休时，
以为活到了这把年纪，再以后的时间就全是上天对我的偏爱了。
于是我便带着这样的想法专心等待死亡的降临。

这样没有希望的生活，
我足足过了三十年。

三十年的时间啊，
我现在九十五岁了，
所以竟然是我人生的三分之一。
如果当初我在退休的时候，
能够知道自己还可以再活三十年的话，
我真的不会选择这样活着。

那时我自以为是地认为，

我已经老了，无论开始做什么都已经晚了，
其实这种想法才是最大的错误。

现在我九十五岁，但是思维依旧清晰。
说不定我还能再活十年、二十年。
现在的我，
想专研一直都很想学的语言学。
那理由只有一个。

那就是当十年后我迎来一百零五岁生日的时候，
我不会为自己在九十五岁时没有开始任何事情，
而感到后悔。

发现自己喜欢的东西并学习它，这样才能不断地自省然后了解自己的心理状态。我主张人们应该将"休息"和"玩乐"区分开来。人们都有一个标准来衡量并保持自己最清爽、最愉快的心理状态。就像有些人每天早晨都必须喝一杯咖啡来保持清醒一样，我们也有一定的心理标准去维持舒适的感觉。

人们之所以要维持适度的觉醒标准，是为了维持与来自外界的刺激保持适度的紧张关系，以及保持自我内心的恒定。如果外界刺激高于自己所能承受的觉醒标准，那么人就会感到压力过大，甚至变得不安。这个时候就需要休息了。如果外界刺激非常低的话，那么人就会感到生活非常无聊。而这个时候就应该玩了。

所谓休息，其实就是进行自己与内心的对话。"休息"这一词的汉字写法就非常准确地表现出了它的意义所在。如果把"休"字拆开来看，就是"一个人独自倚着一棵大树反省自己的内心"。所以，"休息"就是反省自己内心的行为。

在我的内心会因应不同的社会角色而存在多个"我"，包括丈夫、父亲、前辈、后辈等。"休息"就是把这些"我"都集合在一起,然后让他们互相对话。

　　有一件需要大家特别注意的事。那就是不要让其中某一个"我"单方面主导这场对话，也不要让其统治其他的"我"。而要放任所有的"我"根据各自真实的感觉自由地互相对话。这样，"休息"就帮我把自己内心中隐藏起来的另一个"我"给找了出来。

　　玩乐，是指人沉浸在自己喜欢的事情中。只有让自己彻底地沉浸在真正喜欢的事情中，甚至达到忘我的程度，才能算是真正的玩乐。当这样彻底地把自己沉浸其中一段时间之后，人们就会明显感觉到自己的灵魂得到了净化。如此看来，休息和玩乐是两个截然相反的过程，而人们可以通过休息和玩乐之间的调节转换来保持自己内心的恒定。

　　然而现实中我们又是怎么做的呢？总是在该休息的时候忘情地玩。每天晚上在酒场间奔波，赶完第一拨之后赶第二拨，第二拨之后紧接着第三拨，直到喝得酩酊大醉。到了第二天甚至完全想不起来自己昨晚说了些什么。从地板上爬起来才找到自己的脑门儿！到了周末，有的人为了表达自己对家人的责任和忠诚，想带着一家老小出去转转，可是却只能被挤在密密麻麻全是车的高速公路上长吁短叹、寸步难行。要不就是去人满为患的游乐场，然后憋一肚子的烦躁回来。这哪里是休息呢？

　　没人会觉得这种方式的生活是幸福的。可是很多人却明知道自己以后会是多么后悔，也仍然"今朝有酒今朝醉"，虚耗度日。

　　到底大家为什么要这样活着呢？

感叹，是人类区别于动物的特征

　　亲爱的朋友，你为什么而活？

　　当我抛出这个问题的时候，一定会有人这样反问我："怎么问这么荒唐的问题？"但是在生活中我们应该偶尔追问一下自己类似的问题。我们到底为了什么而活着？

有一首诗是这样写的，"当别人问你为什么而活，你只是笑而不答"。或许在诗中可以蒙混过去，但是在生活中仅仅一笑带过是绝对不行的。人应该有明确的生活目标。

我们是为了幸福而活！

但是每个人对幸福的定义又各不相同，所以这就成了世上最复杂难解的问题之一。不过虽然每个人对幸福的定义不同，但是当幸福出现，每个人的身体反应都是完全一致的。

那就是一边发出"哇"之类的声音一边感叹。当人们感到幸福或充满乐趣时，会不自觉地发出惊叹声。

那么现在让我们重新认识一下生活的目标吧。我们想要幸福地活着，而且当我们感到幸福的时候，我们会情不自禁地发出感叹。于是是否可以简化定义为，"我们是为了感叹而活着"。感叹，是人类区别于其他动物最重要的特征。这绝不是我信口开河。人类文明的秘密就在于这个"感叹"。

感叹是人类特有的特征。除此之外，食色性，都不能算作人类专有的特征，因为即使是狗啊、牛啊之类的动物也会拥有性欲。有很多关于人与猴子之间的差异的观点和论断都认为人与动物之间的差异在于只有人能够使用工具。其实这是不对的。猴子也可以使用工具。猴子会利用渔竿去"钓"地底下的蚂蚁来吃。它们为了能够一次性引上来很多的蚂蚁，会利用舌头和牙齿做成很精巧的渔竿。

不仅如此，猴子还可以正确理解事物之间复杂的因果关系。从德国莱比锡大学马克斯·普朗克研究所的实验结果可以看出，黑猩猩对于自己的行为与事物之间的因果关系有着一套很缜密的理论，韩国国内也曾播过类似的纪录片。

在一根很细很窄的玻璃管底部装进花生，然后把它固定在房间里的一面墙上。这时再把一只黑猩猩关在这个房间里。黑猩猩费尽心思想把花生从玻璃管里抠出来，但是却始终没有成功。后来它明白自己所做的都是

无用功，于是就放弃了。

　　但是花生的诱惑又实在是太大了，黑猩猩无法控制自己不去想这颗花生。于是它环顾四周，开始想办法，突然它发现房间的另一侧有一个装满水的水桶，不过却没有能够盛水喝的杯子。于是黑猩猩原地转了一会儿，就径直走了过去。它用嘴从桶里吸了满满一口水，然后把含着的水吐到了玻璃管中。这样来来回回几次往返于水桶和玻璃管之间，猩猩终于把玻璃管装满了水，花生也随之浮出水面。这时黑猩猩只需用手指轻轻一捏，就轻而易举地吃到花生了。

　　真是令人吃惊的认知能力。只有在具备关于自己行为的可逆性和不可逆性的洞察力，以及对事物因果关系的准确掌握之后，才可能产生这种认知能力。而这对于有些人来说都不是一件简单的事。

　　还有的人认为，人与猴子之间的差异在于只有人类会使用语言。这种观点也不对。如果训练黑猩猩的话，它也可以使用语言。不仅如此，据说还有很多研究报告指出，黑猩猩们甚至可以创造开发出只属于它们自己的语言。

　　比如说，先训练黑猩猩利用印有事物图形的卡片表达自己想要的东西。过一段时间，它就可以利用印有香蕉的卡片积极地表达出它"想要吃香蕉"的意思。黑猩猩通过卡片的"沟通"使自己的欲望得到满足，之后又逐渐一点一点地拓宽自己的语汇，最后甚至达到能够表达出"肚子饿"这种内心感觉的程度。所以，那些认为只有人类才能够使用语言的观点是不正确的。

　　既然使用工具和语言都不是人类特有的能力，那么能将人类与其他哺乳动物区分开来的人类文明的起源究竟在哪里呢？

　　心理学家们通过对"人类母亲与孩子"之间的相互作用与其他哺乳动物"母兽与幼崽"之间的相互作用进行比较，发现了非常重要的规律。

　　以猴子为首的所有哺乳类动物，幼仔刚一出生就能够独立支撑住自己的身体。并且出生后几小时就可以独立行走，再过一段时间就可以自行地找到母兽的乳头吃奶。

但是我们人类的孩子却是以一个未成熟的形态出生。他们出生后一动也不能动，只会敞开嗓门大哭。如果人类也像其他哺乳动物一样以成熟的形态出生的话，那么孩子至少要在妈妈的肚子里面待上 18 个月的时间。但是如果胎儿在妈妈的子宫里待这么长时间的话，胎死腹中的危险就会大大提高。脑部也会因为发育得过大而使他们无法看到外面的世界。所以，大多数母亲都是在 9 个月左右的时候将孩子分娩到这个世界上来的。

所有的人类都是以未成熟的形态出生，因此人类的文明就从这里开始。

与能够自行找到妈妈的乳头然后吃奶的其他哺乳动物不同，刚刚出生的人类的婴儿一动也不能动，看不清东西的眼睛几乎无法睁开。所以人类的母亲只能将婴儿抱在怀里喂奶。但是母亲们不是单纯就那样喂，她们还会和婴儿说话。但是此时婴儿不会有任何反应。可即使是这样，母亲们也还是不停地一边自己说着、笑着，一边抚摸着孩子。就这样，在不知不觉中，孩子从某一时间突然开始会笑了。也就是从那一刻开始，母亲与孩子之间两个人独有的游戏就开始了。真是简单得不能再简单的游戏！但是她们却从早到晚，甚至一连几个月的时间都在不停地重复，甚至有时一天就要重复上百次。

我的博士学位论文的主题就是分析关于"母亲—孩子"之间的相互作用。"到底人类文明是怎样开始的呢？"我想从"母亲—孩子"之间初期的相互作用来解说这个巨大的主题。

15 年前，在柏林自由大学的地下研究室里，我看了几千遍单调得不能再单调的"母亲—孩子"的游戏场面。包括白人带孩子的场面、黑人带孩子的场面、韩国人带孩子的场面，我全部都用录像机录制下来，然后至少看了三年时间。有几天，甚至要以秒为单位来进行分析。但是不论是白人、黑人，还是韩国人，都是一样的。世界上所有的母亲都整天在不停地重复"是吗"、"哎哟"之类单纯的表情游戏。

那么到底人类文明的起源在哪里呢？

就这样，几年时间里，我的录像资料中那些母亲们整天就只是看着孩子、模仿孩子，并且不停地感叹而已。是的，我要找的就是这个。

感叹！人类的母亲就是整天对着孩子的细微变化而不停地"感叹"。就是这个！就是以感叹为首的多种情绪性相互作用，是猴子等其他哺乳类动物所不具备的。而也因此，妈妈们成了"说谎大王"。

这是所有刚刚养育孩子的家庭中都会遇到的事情。爸爸刚刚下班回家，妈妈就迫不及待地对他说，"我们的宝宝今天会走了"。于是爸爸满怀期待地抓起孩子的手让他试着走给自己看。可是孩子却根本无法走。和前一天相比，似乎根本没什么变化。于是有些不好意思的妈妈就会一边挠着脑袋、一边不停地小声嘟囔："和我在一起的时候，他明明会走了啊……"

第二天，孩子妈妈又用兴奋的语调给还在公司上班的爸爸打电话说，"老公，今天我们的宝宝可以很清楚地喊'妈妈'了"。然后为了让爸爸亲耳听一下宝宝的声音，她把话筒放到了孩子的嘴边。爸爸也跟着一边说"快说，妈妈，妈——妈！"，一边焦急、渴望地等待孩子说话的声音。但是话筒里只是传来了孩子的呼吸声。这时多数会听到孩子妈妈突然说，"呀，不可以咬电话"，然后赶紧把电话抢了过去并对爸爸说，"刚才他明明喊了妈妈"。

面对孩子的变化，兴奋的妈妈和失望的爸爸两个人总是没办法同步，我想这是所有初为父母的年轻夫妇们经常遇到的事情。孩子把妈妈变成了滑稽可笑的"说谎大王"，但是每次都是妈妈"说谎"一周后他真的就开始走了，真的就开始喊"妈妈"了。其实一周前孩子妈妈就已经发现了变化的征兆，所以才会抑制不住兴奋地与人分享。每当孩子出现一点哪怕是非常细微的变化，所有的母亲都会兴奋得不知如何是好，并情不自禁地发出感叹。

"天啊，宝宝再来，再来！"

我也是这样，我也亲自给宝宝换过尿布，给宝宝喂过老婆事先存在冰箱里的母乳，亲身体验过新手妈妈的兴奋。

大儿子刚刚出生不久，老婆就得到去柏林爱乐乐团做副指挥的工作机会。如果想做这份工作，就不得不每天晚上丢下孩子，出去演出。因为所有的演奏会都是在晚间举行的。老婆虽然舍不得孩子，但是又实在不忍放弃那么好的工作机会。这可不是经常会有、谁都可能得到的机会。虽然仅仅是一个练习时才轮得到上场的指挥，但那也是大名鼎鼎的柏林爱乐乐团啊，不是吗?

我告诉老婆，绝对不能放弃这个机会，我可以帮她带孩子。即使按照韩国人的观念，男人们是不会这样做的，但我那时的确觉得家务事应该男女共同分担，爸爸也应该积极地协助妈妈做好养育孩子的工作。

"那时"我真的是那么想的。

就这样，白天我去学校学习的时候，老婆看孩子；晚上老婆去柏林爱乐乐团工作的时候，我负责带孩子。但是带孩子的事情真的不像嘴上说的那么简单。没有老婆的夜晚，我和孩子两个人单独相处的情景与我的想象完全不一样。如果赶上孩子生病，我简直都要崩溃了。我唯一懂的哄孩子的方法，就是用胳膊抱着孩子来回晃悠，除此之外一无所知。所以每天晚上我就只能抱着孩子走来走去，当时感觉自己的胳膊都累得快掉下来了。

可是哪怕只是把孩子放下一小会儿，孩子也会马上大哭起来。哄孩子哄得实在筋疲力尽的我最后也跟着哭了起来。不是因为觉得孩子可怜而哭，而是真的累得胳膊像要掉下来一样，自己再也受不了了才哭。最后忍无可忍的我对着孩子一顿大喊，没想到受惊的孩子反而哭得更大声了。后来我才知道孩子是因为吐出的奶流进了耳朵引起发炎，所以才会那样哭起来没完没了。唉，我竟然对着那么痛苦的孩子大喊大叫，还发脾气。当时他是那么小的还在襁褓里的婴儿啊!

直到现在偶尔想起这件事，我还会对已经上高中的大儿子感到抱歉，心里觉得很内疚。几年前这家伙正值青春期，简直让我们夫妻俩伤透了脑筋。那时我总是想，这就算是对我当初向生病的他大喊大叫的惩罚吧。

我百思不得其解，小孩怎么那么爱吐奶呢? 不过孩子吐的奶如果不马上清理干净，那味道可真不是开玩笑的。虽然大人很受不了那个味道，但是当孩子呛奶打嗝的时候还是要尽力帮他痛快地把奶吐出来。那时我为了帮孩子打嗝，真是相当卖力地拍打孩子的后背，以至有的时候甚至会把孩子的后背拍出淤青，每当这时，受惊的老婆总会冲我发火。

现在大儿子游泳游得那么好，我总是说全是当年我使劲拍他后背的功劳。

每当听到这话，老婆都哭笑不得地问我，拍打后背与肺活量有什么必然的联系吗？但是我对自己的观点坚信不疑。这大概是因为我想肯定一下自己当年那么辛苦的育儿成绩吧。

其实也不是每天都会那么辛苦。想到只有我一个人才能看到的孩子变化时，真的会给我带来巨大的感动。除我以外，任何人都无法知道，孩子的每一个微小的变化都那样地让人惊奇、让人感动。那种渴望赶快与他人分享的心情，让我甚至等不及老婆回家。每次老婆刚一进门，还没来得及脱鞋，我就像所有的新手妈妈们一样兴奋地对她说：

"儿子今天能走路了，他会走了！"

然后就把孩子立在还站在门口的老婆面前。可是，怎么会这样呢？立起来的孩子总是向后倒，最后只能挣扎着爬到妈妈那边。

"气死我了，刚才和我在一起的时候，明明就是走了嘛……"

孩子绝对不会根据任何人的眼色去成长或者变化，而父母们却会留心观察孩子的任何微小变化并发出感叹，这就是人类区别于其他哺乳类动物的最重要的相互作用，也是唯有人类才有的相互作用。孩子母亲不停地为自己孩子的变化发出感叹，并用感叹使这些微小的变化不停地得以重复。所以前苏联文化心理学家维果斯基认为，"人类的所有发展都是由首先产生于人类间的相互作用，并被内在化了的个人变化转化而来"。

即，从"个体间"（inter-individual）向"个体内"（inner-individual）转化。所以人类所有的发展，不仅仅是生物学方面的发展，也是"文化的发展"（cultural development）。20世纪后半叶，曾带动美国心理学思维转换的杰罗姆·布鲁纳（Jerome Bruner，美国心理学家，最大贡献是教育心理学中的认知学习理论。——译者注），将维果斯基的这种理论比喻为建筑物旁立起的脚手架，因此也被翻译为教育学概念"脚手架设定"。

也许只要进化的过程再稍微有一点不同，猴子也会在一定程度上达到人类的认知水平。但是通过人类的后天训练，猴子已经可以达到仅次于人类的水平，甚至有的时候还显示出了超于人类水平的认知能力。但是猴子妈妈却永远也不可能具备一种能力，那就是感叹。

人类母亲每次看到孩子的微小变化，都会不停地发出感叹，并使那变化不停地重复。这在教育学中被定义为另一个专业用语——"引导学习"（guided learning），或"积极教育"（active teaching）。而这样的学习过程只存在于人类。

一句话，孩子是被"妈妈的感叹"喂养长大的。战争孤儿，无论你给他吃得多好，穿得多好，这个孩子的发育程度也会晚于其他同龄孩子。这是经过全世界无数研究论证后得出的结果。因为他们没有为自己的变化而发出感叹的人。孩子妈妈对着哪怕只有自己才能看出的孩子变化，也要不停地发出感叹，而正是这感叹才使得孩子不断进步、发展。

我们之所以成为人类，就是因为得到妈妈的感叹。所以我们人类应该不停地发出感叹，也应该一生都从他人那里得到感叹。食欲、性欲不是我们人类特有的，只有感叹才是人类本质上特有的，也正因为这样才会产生人类文明。

过去的三天你有过感叹吗？如果有，那真是可喜可贺。如果没有，或者怎么都想不起来，那么你虽然还在吃饭、还在喘气，但也不能算作严格意义上的人类了。换言之，食色性都不是人类专属的欲望，而是动物的欲望。人类的特征唯有感叹！

那么，我亲爱的朋友，你是在作为人类活着吗？

我们都为感叹而活，不是吗

人类所有的行为背后都隐藏着对感叹的欲求。到底为什么要作曲？为什么要画画？这些各种各样与维持生存毫不相干的行为，到底都是为了什么呢？

很简单，就是为了感叹！

人们为什么去旅行？是仅仅为了"看"埃菲尔铁塔吗？当然不是。在看到埃菲尔铁塔的时候，所有人都会自然而然地仰望塔尖，然后发出一声"哇！"

所以说人们不是为了看埃菲尔铁塔，而是为了看到埃菲尔铁塔时发出的感叹才去的。

夏天到了，大家都喜欢去海边度假。可是大家为什么去海边呢？是为了看大海吗？当然不是。当所有人看到大海的时候都会不约而同地发出一声"哇！"也就是说人们是为了看到大海时发出感叹而去的。

现在很多人都愿意去登山，那么到底为什么一定要登到山顶才罢休呢？有人也许会耸耸肩然后故作高深地回答我，"因为山在那边，所以我才登山"。不对！这是因为连他自己也不知道为什么要登山，所以才会不懂装懂。

如果说拼死拼活非要爬到山顶的理由是为了健康，那也不对。因为如果仅仅为了健康的话，那大可不必非要登到山顶，只要随随便便爬到半山腰就足够了，为什么要那么卖力地登顶呢？其实登山的理由既不是因为山在那边，也不是为了健康，而是为了感叹。

登到山顶，就是为了让一路上气喘吁吁的自己可以张开双臂长出一口气，然后大声地喊出"哇！"人们在潜意识中都会怀念小时候母亲看着自己然后不停重复的感叹。然而随着年纪越来越大，反而越来越没有人为自己发出感叹了，所以我们韩国男人才会这样拼命地向高尔夫球场出逃。

全世界没有比韩国男人更痴迷于高尔夫的人了。我们一整天都握着球杆不停地练习，哪怕是手掌磨出水泡也在所不惜。更有甚者凌晨四点钟就叽里咕噜爬起来去打球。这到底是为什么？为什么我们会痴迷高尔夫到了这种程度呢？前面我曾讲过是为了与朋友有话题可说，不过还有一个原因，那就是高尔夫球场到处都充满感叹之声。

当你挥杆把球成功地打出去的时候，所有人都会为你大喊"太棒了""哇塞"，而这正是我们所需要的感觉。所以我们为了这种对感叹的渴望，不惜频频更换新型球杆，哪怕仅仅能多打出去几码。一切都是为了听到"太棒了"这三个字。不过也不是所有人都需要频繁换球杆才能获得别人的赞叹，人品一流的韩一水泥的徐启浩社长无论用什么杆打出的球都会让大家发出"太棒了"的赞叹。他甚至常常因为高超的球技而被球童们簇拥着，还会使邻洞正在打球的人也忙不迭地大声叫好。

这全是因为感叹！

在其他地方没有谁会注视着我为我发出感叹，但在高尔夫球场我却可以亲身感受到，而且是四五个小时连续不断地感叹和被感叹。我想这就是大家都那么迷恋高尔夫的原因吧。很多人聚集在一个山坡上，大家你来我往地互相发出感叹。不过这种脱离各种生活文化领域的生活，应该是最疏离人群的生活方式了吧？所以，我建议大家有时间的话，还应该去认真地听听音乐会，挽着老婆的胳膊去参观美术馆，拉着孩子的小手去看看足球、棒球比赛。

女人的寿命普遍比男人长，其中一个原因就是因为"感叹"。这个只要你去桑拿房里看一看就知道了，旁边坐着的主妇大妈们总是哇啦哇啦地没完没了，想静下心看会儿书都简直是一种奢望。

偶尔侧耳细听一下她们的聊天内容，发现其实根本就没有任何实质性内容，全是"对、对、没错、没错"不停地重复而已。看样子如果没有其他事情需要办的话，她们你来我往地能谈个三天两夜都不会停。但是这三天两夜竟只是用来感叹！而这集中的感叹确实能使寿命延长。所以每次老婆与高中同学一起去桑拿房的时候，我都告诉她尽可能地玩久点。因为这项活动的性价比超高，价格比去欧洲旅行便宜几十倍，但效果却好出几百倍。

人类通过艺术获得的最重要的情绪感受，被德国的哲学家伊曼努尔·康德称为"庄严感"。

站在让人惊叹不已的自然风光面前，看着暴风雨中的大海或满天星斗的夜空，我们总会感到有一种无以言表的感觉聚集在胸中，似乎堵住了我们的呼吸，所以这时唯有感叹才能让自己一吐为快。康德认为人类追求的终极感受就是这种"庄严感"。所有艺术、宗教的目的就在于对这种被称为"庄严感"的追求上。

在康德式的"庄严美学"（Aesthetik des Erhabenen）中不存在现代心理学中的决定性限制，即"认知和情绪"或"感情与理性"两分法。而这种以我们的认知能力无法将其概念化的超越领域，可以通过"庄严感"的美学及情绪感受不停地刺激我们的生活并使之发生改变。康德美学的核心就是通过这种"崇

高感"的体验使感情和理性融合在一起。

感叹就是这种"庄严感"的具体反映。虽然无法用语言来形容、无法用概念来定义，但是感叹却是我们通向生活终极感受的唯一方式。所以所有人类的母亲都用自己的感叹来养育自己的孩子。因为感叹消失的那一瞬间，就脱离了人类的范畴了。

可是我们韩国的中年男人们却随着年纪越大，越不知道该怎样满足自己的感叹欲望。因为没有人会看着自己并为自己发出感叹。白天在公司根本毫无感叹可言，那是一个只讲责任的地方。晚上回到家，老婆张嘴闭嘴只会谈钱，而孩子们则越大越疏远自己。在他们还小的时候，每次和他们说一起出去玩，他们都会兴高采烈地跟着自己走；自己只要稍稍回家晚一点，他们就会打电话问"爸爸现在在哪呢"。可是当他们上了初中、高中之后，别说是一起出去玩了，就连想见他们的人影都不容易。不管和他们说什么，都总是有一搭无一搭地回答，给人感觉一点也不痛快。几乎已经快到了没法和他们交流的地步。就这样，这些中年男人们无论身处何处，自己的感叹欲望都得不到满足。

感叹欲望无法得到满足，日积月累最后就变成了欲望挫折。而欲望挫折又演变成了心理学中的愤怒、敌视和攻击性。**于是走在街头，我们看到所有的男人们似乎都挂着一副"谁敢惹我"的表情**。噢，对了，有一个地方可以让这些大叔们不停地获得感叹——夜总会！不过也只有在这种地方，那些浓妆艳抹的年轻小姐们才会每天晚上都不停地喊着：

"哎哟，哥哥！""哥哥怎么这么帅呢？"

这种廉价的感叹使这些快要疯了的男人们一点点解开了领带。当然也解开了钱袋。真是一件可悲的事情啊！

觉得生活艰辛的理由很简单。不是因为经济困难，不是因为政治改革，而是因为没有可以满足自己感叹欲望的文化、艺术，以及宗教方面的体验。对于韩国人来说，几乎不存在感叹。西方人经常是"Wonderful"（太棒了）不离口。默默观察一下，就会发现他们即使没有什么特别的事情，也会不停地重复"太棒了"。德语中也有"太棒了"。那些看起来感情粗糙、表情木讷的德国人，其实每天也都在不停地重复"太棒了"。

德国留学期间，我曾在一家餐馆打工。每次当我把食物端到餐桌上时，那些德国人都会这样自言自语，"太棒了"，"超级棒"，他们连对自己掏钱买来的饭菜都会大为赞赏地感叹说"多么让人吃惊"，"多么让人感动"。

日本人也非常擅长感叹。"太棒了"，"太完美了"是他们的口头禅。即使没有什么特别的事情，他们也会一个劲儿地说"太棒了"，有时甚至会让听的人感到心里过意不去。可是这种如此普通，在别的国家如此常见的感叹词，在韩国却不存在。到底"Wonderful"翻译成韩语应该是什么呢？我就献丑地给大家试着翻译一下吧。我觉得应该是"哦，太让人吃惊了"。

原来我们韩国也有很多感叹词，"지화자""니나노""얼쑤"等等（**都是古代韩语中的感叹虚词，无实意，现代韩语中已不再使用。——译者注**）。但是这些一百年前韩国人不离口的感叹词如今早已全部消失得无影无踪。现代韩国人已经不再使用这些感叹词了。甚至有些感叹词还被演化成了骂人的脏话。人们见到不满意的人做一些不顺自己心的事情时，就会用"얼——씨구"来发泄一下。

但是同为人类，其他国家都有自己的感叹词，我们韩国人也应该有啊。我仔细想了很久，终于被我找到了！原来我们韩国人也是有感叹词的！不过就一个，还稍微有些奇怪，那就是"要命啊"。

我们只有一个感叹词，那就是"要命啊！"，这是不是真的挺要命的？

判断自己现在是否生活得幸福，其实标准很简单，与社会地位和富有与否都无关，就看你一天之中到底感叹几次。因为无论你身居多么高的地位，如果一整天都不能感叹一次的话，那么说明那不是你应该有的人生。不如赶紧就此打住，反而更有利于你的心理健康。此外，不论你多么富有，如果那些钱都无法使你发出一句感叹的话，那么那些钱也不能算是你的。

当然一定数量的钱还是必要的。

但是如果超出了一定界限，那么钱就不会再带给你感叹了，而只会成为你担忧和不安的祸根。所以，当你拥有已超出一定标准的财富时，应该考虑以各

种方式捐献回馈社会，这样才会更有利于你的心理健康。

判断自己的公司现在是否运转良好，其标准也在于感叹的有无。

静静地坐在椅子上观察与自己一起工作的同事们到底一天能够感叹几次。咖啡贩卖机前，或午餐后坐在桌子上，如果有"哇"、"噢耶"这样的感叹词出现的话，说明这个公司还会成长发展。因为这意味着员工们在情绪上得到了满足。因为工资和奖励并无法产生出这种自然的、自发的感叹。公司无论给员工多高的工资，如果员工们每天始终都只有哀叹的话，那么这个公司5年内可能就会倒闭。因为没有感叹表明员工们并非自发地劳动，而创意性正来自于自发的劳动。

自己的家庭幸福与否，判断标准也一样。全家一起出去的时候，老婆、老公，以及孩子们到底会发出多少次感叹，这是衡量一个家庭幸福与否的标准度。如果孩子们口中不停地出现"爸爸，哇"或"噢耶"这样的感叹词的话，说明这个家庭是真正幸福的家庭。

不久前我去参加在加拿大魁北克举行的国际学术会议时发生了一件事。我为了给孩子们买礼物，一整天都冒着雨夹雪在街上逛，想找到孩子们真正喜欢的东西太不容易了。

晚上回到酒店，我就开始发烧、咳嗽，甚至浑身发抖。一个人躺在床上难受得哎哟哎哟地呻吟的时候，我就想"我这样执著地为孩子们买礼物，心理动机是什么呢？"

是因为感叹！当我给孩子们买回他们真正喜欢的礼物时，他们会兴高采烈地围在我的周围不停地喊"爸爸，哇"、"噢耶"。

送给大儿子的礼物是一件印有加拿大枫叶的红色夹克，送给小儿子的礼物是最新款的口袋怪物小汽车。大儿子穿上夹克后在镜子前左照右照，不停地说"爸爸，哇"。一连好几天他都穿着这件夹克去上学。有时他还会走到我面前，神气地拍一下我的肩膀，然后说"老爸，我帅呆了吧！"

晚上下班回到家，小儿子也会拿着那辆口袋怪物小汽车不停地在我周围跑来跑去。即使我铺上毯子准备练习高尔夫，他也会拽着他的小汽车在我的高尔夫球之间来回穿梭，妨碍我练球。不过我却一点也不生气。相反，我很喜欢。因为那家伙不停地重复"爸爸，哇"。

我感到很幸福。我为了给他们买礼物，冒着风雪、忍着身体的疼痛在魁北克的大街上走来走去，为的就是得到这小小的一声感叹。

夫妻关系也是如此。夫妻关系好的话，老婆和老公一起出去的时候，也会不停地发出感叹，"老婆，哇""亲爱的，噢耶"。但是有时也会有这样的情况，不但没有感叹，反而只有哀叹——"唉，真是的。"

但即使是这样，人们选择继续生活在一起的理由也还是为了感叹和得到感叹。哪怕是在互相折磨的关系中，双方也是为了获得这小小的感叹才守住家庭，不是吗？所以人们无论多么辛苦，都要坚持自己的家庭。就是为了感叹和获得感叹，不是吗？

如果哪位朋友能够比我更清楚明白地说出我们生活的目的，那么请你不吝赐教！

反正我的观点就是，我们是为感叹而活着！

生活节奏虽然慢，但却充满活力

　　在萨尔察赫公园的一处矮墙上，有一位正在看书的少女。当我在公园里转了一大圈后准备要离开的时候，发现这位少女依然还在那里看书。悠闲缓慢的生活节奏中，透露出属于年轻人的活力。

尾声

应该买辆房车

最近，我无论是睁开眼睛还是闭着眼睛，都在一个劲儿地想"房车"。

所以希望这本书能够大卖的理由，也是为了能够买辆房车。在车里面可以睡觉，可以做饭，甚至还可以上卫生间，现在韩国国产的房车也开始推出市面了，而且就连网上都开始有房车车友俱乐部了。我有一个梦想，等到五十岁以后能够每周抽出两三天的时间开着房车到一个风景秀丽的地方，然后亲手用那种滴漏式的咖啡壶煮咖啡喝，听音乐、读书、写文章。这样的生活真是太让我向往了！

对我来说，最幸福的事情就是写文章了。

几年前，我利用安息年在日本待了一年，那期间我才发现原来我真的很喜欢写文章。之前我一直认为自己喜欢并擅长与人打交道、组织聚会，以及运作各种项目，并且每次都算小有成绩，大家也都公认我比较有组织才能。

但是不知从什么时候起，我患上了睡眠呼吸暂停综合征，每当晚上睡觉时睡着睡着就感觉呼吸不畅，经常被憋醒。而且那时候我还经常腿麻，这也经常让我半夜醒来。有一次我为了缓解腿麻，从床上起来时没想到跌倒到床下，把脚趾给弄骨折了。而这些毛病全都是因为我压力太大造成的。

在日本独自度过的一年，虽然也很孤独，但是却使我的睡眠呼吸暂停综合征和腿麻的毛病全都神奇般地痊愈了。那时为了在杂志上连载文章，我经常需要在写文章的同时还要去亲自拍些照片回来，这些事情都让我感到无比幸福。

每天深夜，我都要先把稿子发给杂志社，然后才能上床睡觉。可是每次第二天早上我都会早早醒来，因为我想最先阅读到自己的文章。那时，我总是一边看着自己的文章，一边自我赞叹"噢，我的神！这真的是我写的文章吗？"我不在乎别人的评价，因为我总是自欺欺人地认为别人都有很严重的自我妄想症。所以从那时起，我有了一个新的爱好，那就是为自己的文章而感动（那时写的文章已经集录在《日本热》一书中，并已出版）。当然有时也有为了写文章而写的时候。那样写出来的文章连我自己都会觉得没有意思，就更不用说别人了。所以鉴于此，我都尽可能地为自己营造出一个幸福的氛围，然后让自己愉快、开心地写文章。我要买房车也是出于这个目的。

春天到开满野花的田野上，夏天到流淌着清凉溪水的峡谷边，秋天到落满红叶的山坡上，冬天到无人的大海边，就那样把房车一停，然后打开音质超好的车载音响，伴着巴赫和舒伯特的音乐，我一边喝着咖啡，一边写文章。好惬意的生活！我真的好想过这样的生活，而且这样的话我就再也不用像现在这样惹老婆烦了，呵呵，一举两得。

当然，我写文章的目的不是仅仅为了我自己的乐趣。我梦想着有一天"乐趣"和"幸福"的价值可以在我们韩国社会的各个领域中都得以具体体现。所谓文化多样性，指的就是乐趣多样的社会。最近我经常以"人要有乐趣"为题目到处讲课，但是偶尔也会有些人认为我是一个不懂得人情世故的教授。甚至还有人说我没什么能耐，只会仗着自己的口才到处虚张声势。对此，我真的感到很窝火。

我这个文化心理学家的称号是通过正规的专业学习后获得的。不敢说在德国取得学位是一件多么了不起的事情，但也绝不是一件轻松简单、谁都可以办得到的事情。取得博士学位后，我曾在柏林自由大学心理学系作为专职讲师给德国学生讲课。也就是说，我用德语来教授维果斯基、皮亚杰和弗洛伊德。能这样站在德国大学的讲台上，我想也不是一般人都能办得到的事情。我回到韩国以后，仍然到处讲课、演讲，给大家介绍"应该好好玩"的重要性。事实上，从我嘴里说出这样的话，让我自己都感到很不好意思。

　　我讲的内容虽然比较幽默，但都不是一些"简单的玩笑话"，而是具有深层学术性观察结果的言论。但是仍然有很多过着"无趣生活"的人们对我提出的问题不以为然，从不认真接受、反省。唉，这不等于不愿意面对和接受自己的问题吗？也许是人们面对自己内心最深层的问题都很力不从心吧！

　　不过我还是坚决主张，人应该活得有乐趣。没有乐趣的生活不能称之为生活。所以我也一直在尽力让所有读到此书的读者们能饶有兴趣地读完这本书。

　　这本书能够得以出版，我要向那些为此书作出"牺牲"的人士表达深深的感谢。当然，最先要感谢的人就是我的老婆金诚恩女士。感谢她允许我将本属于夫妻间的悄悄话，和一些应该关起门说的私房话，都大肆地宣扬了出来，成为众所周知的事情。谢谢她对我这个不懂事老公的理解和支持。老婆总称我为"水晶"，因为我总是心里藏不住事，心里想什么，全都写在脸上，大家只要看我的表情就能一眼看穿我。而且水晶易碎、通透、藏不住瑕疵。我呢，希望老婆在未来的日子里依然别放松对我的要求，继续把我打造成一个谨慎又温柔的老公。在我做教授之前，我一直梦想着成为一名"细腻而又脆弱的艺术家"。

　　我也要感谢在本书中以真实姓名出现的我的朋友、前辈和后辈们。因为他们在我书中出现的形象都彻底颠覆了他们所拥有的社会地位和名望。但是这些都是他们藏在社会面具下的真实面孔。我爱他们这些真实的面孔。

　　我还要感谢三星经济研究所的姜申章专务，感谢他为方便无数 CEO 们的沟通和交流，提供出了这样一个非常珍贵的平台——"SERI CEO"。另外还要感谢一直默默忍受我这种性格的刘景华制作人，如果没有她，可能大家永远也见不到这本书问世。刘制作非常漂亮，性格也很温柔。

　　最后我还要向 Sam&Parkers 出版社的朴诗亨总经理和李恩晶室长表达我的感谢之情。我曾和朴总经理约定，一定要通过这本书实现我的房车梦。房车买回后，我一定要让他们二位最先试乘。

〔德〕爱娃-玛丽亚·楚尔霍斯特　著
许洁　译

重庆出版社
策　划：中资海派
定　价：28.00元

让"爱自己"的温热融化情感的冰山，陪你获得爱情路上的温暖与勇气

婚姻危机、秘密情人、三角关系、亲子矛盾、出轨、性、激情、欲望、堕胎……

在这个快速消费的时代，我们已经习惯了消费，也习惯了丢弃，甚至我们的伴侣关系也被深深地打上快速消费的烙印：只要觉得不再适合自己了，就立即换一个新的——"我肯定还能找到更好的伴侣！"而欧洲最受信赖和欢迎的情感医师爱娃－玛丽亚·楚尔霍斯特，却通过在咨询中所接触到的上千个婚恋案例总结出：只要爱自己，和谁结婚都一样。你现在的伴侣就是最好的，绝大多数离异和分手都是可以避免的。

这是一碗献给即将以及已经步入婚姻殿堂的男女们的心灵鸡汤。

〔美〕琳达·帕帕多普洛斯　著
任月园　译

重庆出版社
策　划：中资海派
定　价：26.80元

解读他捉摸不定的眼光，捕捉那闪烁其词的念想……

你不能改变自己的性别，也不能改变因性别而产生的情感和思维；也许你根本就不想改变。但是只要你退后一步，和问题拉开一点距离，学会用全面客观的角度去看待这些问题，就能掌握神圣的"第三方语言"。这时，你离种种沟通问题的答案才会更近。最终，你和他（她）才会获得终生幸福。

其实，男人和女人也存在文化差异。《男人说的，女人听的》为两性创造了一套和谐的"第三方语言"——它能让你在男性语言和女性评议的转换间游刃有余，从而让男女间的沟通更和谐有效。不管你是"他"，还是"她"，这本书都会让你受益无穷。

从心理学和生理学的角度，以个人心灵成长的方式，迅速提升两性之间的亲密关系！

享受终极法式美味的温情小品
探索忙碌生活中的味蕾哲学

〔美〕朱莉·鲍威尔 著
苏 西 译

重庆出版社

策 划：中资海派

定 价：26.80元

朱莉·鲍威尔年届三十，住在纽约皇后区一间破旧的公寓里，做着一份乏善可陈的秘书工作。她需要新鲜事物来打破单调沉闷的生活，所以，她开始了一项名为"朱莉与茱莉亚"的疯狂美食计划。她从母亲那意外得到一本古董级的菜谱书——美国著名女厨师茱莉亚·查尔德的经典著作《掌握法国菜的烹饪艺术》。朱莉在 365 天内，成功地做出书中的 524 道菜。从红酒煮蛋到煎牛排；从"可恨的大米"到活斩龙虾，她渐渐意识到，这个疯狂的计划改变了她的生活。经过漫长的探索与尝试，她将厨房变为了一个神奇的创造之地。在这奇异有趣的煮食过程中，她用诙谐的幽默、澎湃的激情和顽强的毅力改变了平庸的生活，找寻到被遗忘的生命的欢悦。

在茱莉亚的食谱里用爱提味充满勇气
在朱莉的生活里渴望香料期待甜蜜

想成为高贵公主的女人们，背起行囊，
跟我出发吧！

〔韩〕阿内斯·安 著
〔韩〕崔淑喜 宋秀贞 绘
郑 杰 李 宁 译

重庆出版社

策 划：中资海派

定 价：29.80元

跟着心灵去旅行

为生活所累的你，是否曾期盼遵循内心的呼唤，自由快乐地度过一生？是否曾渴望摆脱乏味的生活，过得与众不同？从现在开始，请与我一起尊重这份期盼和渴望——跟着心灵去旅行，一辈子当公主！

本书为希望像贵族公主般生活的女人而写，作者从"旅行中找到的简单生活（Simple Life）"、"扣人心扉的公主智慧语（Princess's Wise Saying）"、"公主的使命日记（Mission Diary）"等方面，传达了走向精彩人生的心灵物语。

公主不只出现在童话里， 也不再是女孩的专利，
即便你年华不再，青春已逝，仍旧可以一辈子当公主！

短信查询正版图书及中奖办法

A. 电话查询
    1. 揭开防伪标签获取密码，用手机或座机拨打4006608315；
    2. 听到语音提示后，输入标识物上的20位密码；
    3. 语言提示：你所购买的产品是中资海派商务管理（深圳）有限公司出品的正版图书。

B. 手机短信查询方法（移动收费0.2元/次，联通收费0.3元/次）
    1. 揭开防伪标签，露出标签下20位密码，输入标识物上的20位密码，确认发送；
    2. 发送至958879(8)08，得到版权信息。

C. 互联网查询方法
    1. 揭开防伪标签，露出标签下20位密码；
    2. 登录www.Nb315.com；
    3. 进入"查询服务""防伪标查询"；
    4. 输入20位密码，得到版权信息。

中奖者请将20位密码以及中奖人姓名、身份证号码、电话、收件人地址和邮编E-mail至szmiss@126.com，或传真至0755-25970309。

一等奖：168.00元人民币(现金)；
二等奖：图书一册；
三等奖：本公司图书六折优惠邮购资格。
再次谢谢你惠顾本公司产品。本活动解释权归本公司所有。

读者服务信箱

感谢的话

谢谢你购买本书！顺便提醒你如何使用ihappy书系：
◆ 全书先看一遍，对全书的内容留下概念。
◆ 再看第二遍，用寻宝的方式，选择你关心的章节仔细地阅读，将"法宝"谨记于心。
◆ 将书中的方法与你现有的工作、生活作比较，再融合你的经验，理出你最适用的方法。
◆ 新方法的导入使用要有决心，事前作好计划及准备。
◆ 经常查阅本书，并与你的生活、工作相结合，自然有机会成为一个"成功者"。

		订 阅 人		部 门		单位名称	
优惠订购		地　　址					
		电　　话			传　真		
		电子邮箱		公司网址		邮　编	
	订购书目						
	付款方式	邮局汇款	中资海派商务管理（深圳）有限公司 中国深圳银湖路中国脑库A栋四楼　　邮编：518029				
		银行电汇或转账	户　名：中资海派商务管理（深圳）有限公司 开户行：招行深圳科苑支行 账　号：81 5781 4257 1000 1 交行太平洋卡户名：桂林　　卡号：6014 2836 3110 4770 8				
		附注	1. 请将订阅单连同汇款单影印件传真或邮寄，以凭办理。 2. 订购单请用正楷填写清楚，以便以最快方式送达。 3. 咨询热线：0755-25970306转158、168　　传　真：0755-25970309 E-mail: szmiss@126.com				

→利用本订购单订购一律享受9折特价优惠。
→团购30本以上8.5折优惠。